养老社区设计指南

凤凰空间 · 华南编辑部　编

江苏凤凰科学技术出版社

目录

第一章　我国人口老龄化及养老社区现状

第二章　老年人的需求特点及居住体系

第三章　养老社区的规划设计

第四章　案例分析

第一章

我国人口老龄化及养老社区现状

第一节 我国人口老龄化现状

一、什么是老龄化社会

我国将 60 岁以上的公民定义为老年人，老龄化社会是指老年人口达到总人口的 10%，即视为该地区进入了老龄化社会。

二、我国人口老龄化现状

我国于 1999 年已步入了老龄化社会国家。目前，中国人口已经进入快速老龄化阶段，人口老龄化的压力开始显现。

因为中国人口基数较大，所以面临的老龄化压力也比其他老龄化阶段相近的国家要大。2015 年，中国的老年人口是 2.22 亿。预计 2050 年中国的老年人口将达到 4.34 亿。

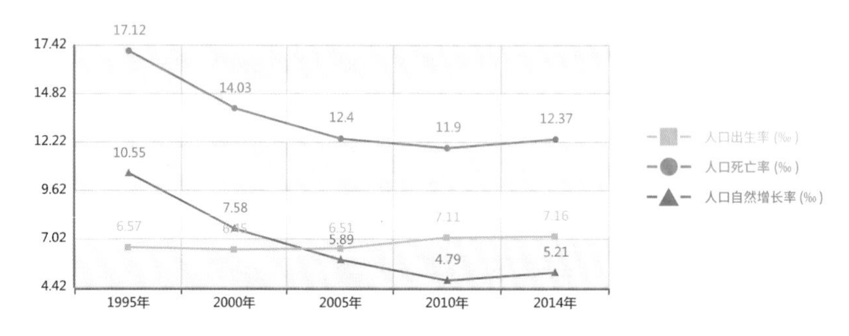

1995—2014 年人口变化比率折线图

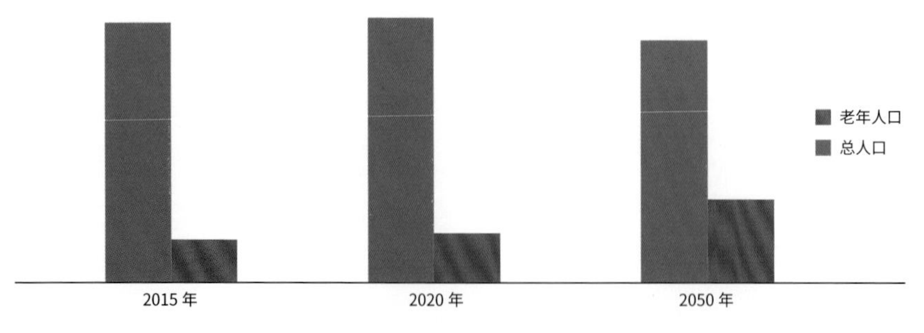

我国人口比例变化趋势图

第二节 我国养老社区的现状及发展趋势

一、什么是养老社区

从世界范围看，老年人住宅大致分为社区式照顾老人住宅、机构式照顾老人住宅和居家式照顾老人住宅。社区式照顾老人住宅也称呼为“养老社区”，它主要由政府和非政府组织以及其他机构共同为老年人设立，是集合了居住、餐饮、医疗、娱乐、文化、学习等各种功能的养老场所。

二、我国养老社区的现状

由于国家扶持养老产业，养老产业的相关行业迅速发展。2016 年 1 月，民政部发布了国家专项《社会养老服务体系建设规划（2011—2015 年）》在“十二五”期间规划落实情况，同时指出“十三五”时期民政部要重点推动实施四项重大工程。其中之一便是社会养老服务体系建设工程，重点支持老年养护院、医养结合设施、社区日间照料中心、光荣院、农村敬老院建设等设施建设。

养老产业虽然迅速发展，但很多项目与市场需求并不匹配。

（一）空床率高

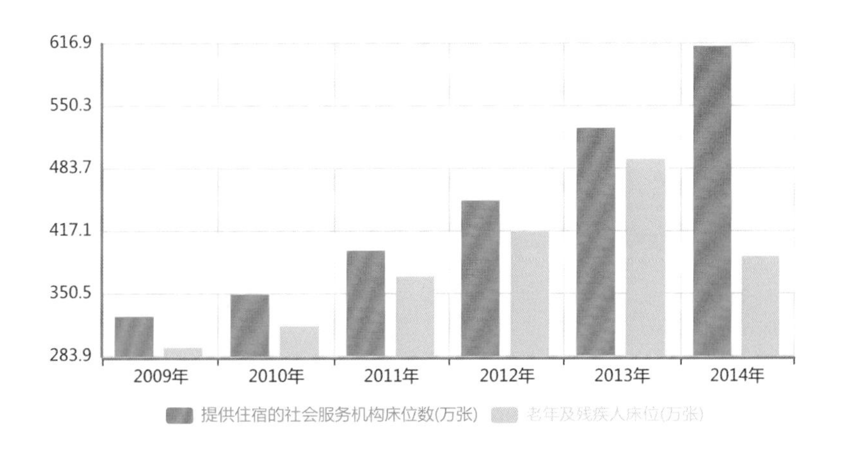

提供住宿的社会服务机构床位数

“十二五”期间养老床位数发展非常快，从数量角度看，圆满实现了“十二五”养老服务体系的目标，达到了669万张，达到了每千名老人30.3张。这比2010年底增长了70.3%，实现了养老床位千分之三十的规划目标。但盲目投资、做大项目的心理和做法，使得这些看起来床位数非常大的项目，其实并没有和当地老人的状况、经济状况、需求状况对应，这些设施的空床率高。

（二）选址与配套设施不符合实际

这几年来很多开发商在城市的郊外和风景区投资建设大规模的养老社区。这一类的项目通常距离城市1个小时的车程左右，甚至更远。虽然风景秀丽，土地资源充足，规划的老人的床位数也高达数千张，但是周边的配套设施不足，缺乏医疗或生活设施，也不方便子女探望。这些养老社区建设的时候投资大、标准高，但是实际运营时入住率却不高。

（三）硬件设施和运营管理需求不匹配

目前有部分养老项目对于规划设计、建筑设计与运营管理不够重视。通常老年服务设施在建成后都需要有专业的运营团队来管理和运营，但不是所有的老年

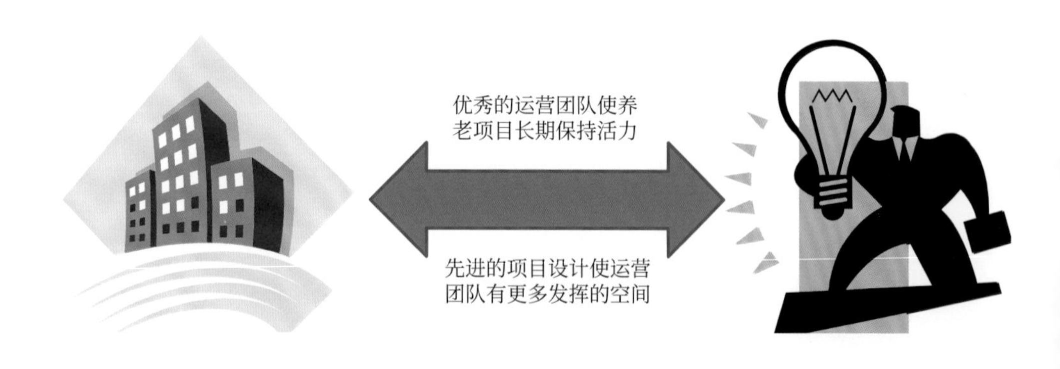

养老项目的硬件设施和软件团队相辅相成

项目在开发之初，就能够找到合适的运营团队与规划设计师进行对接，提出对建筑硬件的要求。在我国现有的养老项目中，运营团队的介入普遍都比较晚，往往是项目都建成了，运营团队才进场管理运营，进场后才发现硬件设施与运营模式之间不匹配，之后又是修修补补。例如，一些晾晒空间、老人活动空间、储物空间、护理空间的设置问题上，设计师无法面面俱到，而有经验的运营团队能提出更高效的设置方案，让这些空间得到有效使用。硬件设施和运营管理需求不匹配不仅造成建筑资源的浪费，更是对运营团队发挥的限制，不利于项目的长期发展。

三、养老社区的发展趋势

纵观国内外养老产业的发展，未来的发展趋势将会是养老产业和其他社会资源合作，实现互利共赢。

（一）“医养结合”模式

众所周知，老年人大多患有各种慢性疾病，对医疗服务依赖程度较高。但社会医疗资源有限，医院经常人满为患，需要长期照护的老年人得不到足够的照顾。因此，“医养结合”模式不仅受到老年人的欢迎，还得到政府的大力支持。

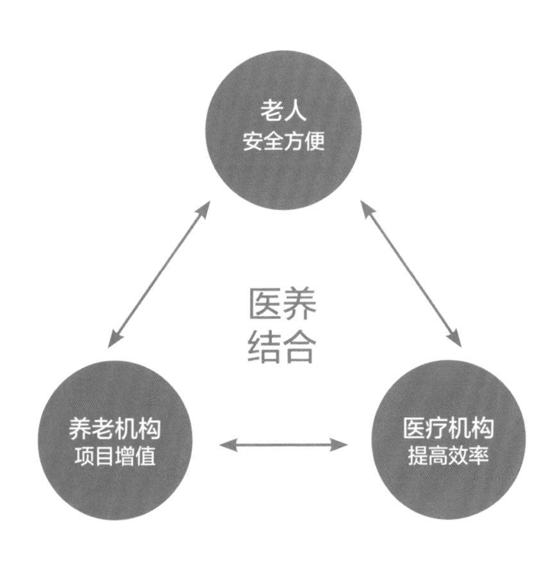

“医养结合”模式

“医养结合”模式分为多种不同的合作方式，如引入产品、开设门诊、合作医疗等。引入产品是指养老机构引入各种医疗产品例如康复、治疗、保健等供老年人选择。开设门诊是指养老机构和医疗结构合作开设康复、护理或老年病科学门诊服务。合作医疗是更深入的合作，指的是医疗结构定期派遣医生巡诊，为老年人设计绿色通道，让有治疗需要的老年人免除大量复杂的手续。

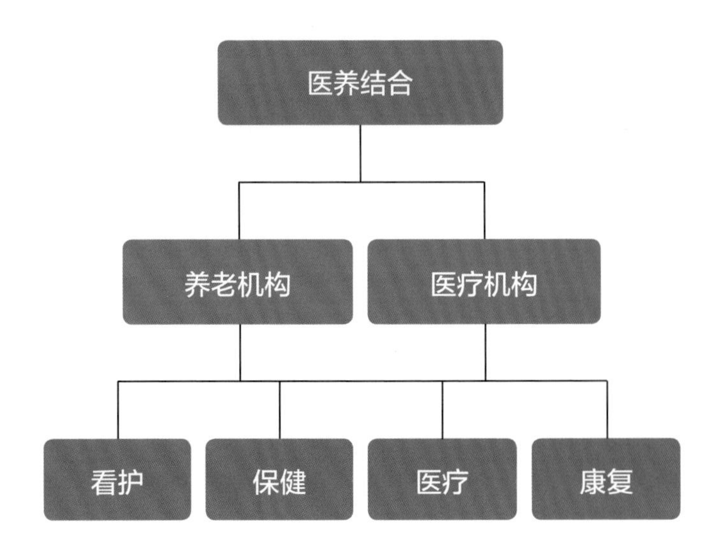

“医养结合”模式

“医养结合”三方都能获益。老年人能就近享受医疗服务；养老机构能以此作为卖点，增加收入；医疗机构的资源能得到优化配置，分诊治疗，有效改善老年人看病难的问题。

北京某养老项目，养老机构附近就是社区卫生服务中心，它非常便于养老机构当中的老人就近享受医疗服务，同时也为周边的社区居民提供医疗的服务。另一个养老机构与朝阳区的急诊抢救中心建立了双向转诊的绿色通道，设置了急救站，配备急救车，当老人一旦发生危急状况时，可以在第一时间将老人送到这种大型的综合医院进行抢救和治疗，大大提高了老人的生命安全系数，非常受老人欢迎。

旅游养老项目设有舒适的休闲空间

（二）“旅养结合”模式

我国低龄的老年人占比非常高，低龄老年人指的是 60~70 周岁的老年人。这个年龄段的老年人出生在 20 世纪五六十年代，身体素质较好，中青年时正值我国经济腾飞的时代，有一定的经济基础，又多数是独生子女家庭，家里第三代只有一到两个，并不需要四位老人同时看护照顾。而出外旅游休闲放松的理念深入人心，因此，低龄老年人具备出外旅游养老的基本条件。

惠州巽寮湾某个项目就属于旅游地产项目配建养老组团的类型，其产品有很多适老化的住宅，还有半护理的居住产品。该项目定位是国际级的滨海休闲旅游度假区，其中养老社区以健康养生为主，并配建了医院和康复中心，有半护理组团，邻近医院，紧急情况下可直达医院。社区周边配有会所、园林、广场，为老人生活所用，配套的设施比较全面。

这类旅游养老项目区别于一般的酒店或者商务酒店，旅游养老酒店项目设有“老少户型”、双人间、套间等房型，可满足不同需求的老年人。“老少户型”适合年轻人和老年人一同度假的家庭，内设小厅、厨房，满足家庭出游时的居住需求。双人间也比常见酒店的双人间开间要大一点，目的在于营造一个公共活动的空间，让到此来度假的老年人能聚会活动。

旅游养老能有机会体验各地风情

（三）“险养结合”模式

我国的社会养老保险额度较低，部分老年人养老缺乏经济保障，部分患有慢性病、失智或者失能、需要介护的老人得不到很好的照顾，也会影响到整个家庭的稳定。为了避免这种情况的发生，就衍生了一种养老与保险产品结合的项目，用以保障老年人养老生活质量。

此种养老模式的核心是老年人投保，保险公司利用险资投资建设养老社区，从而形成养老产品的产业链。这样老年人能获得养老服务，保险公司也有利润收益。这是目前比较好的一种发展模式，老年人、保险公司、养老社区互惠互利。

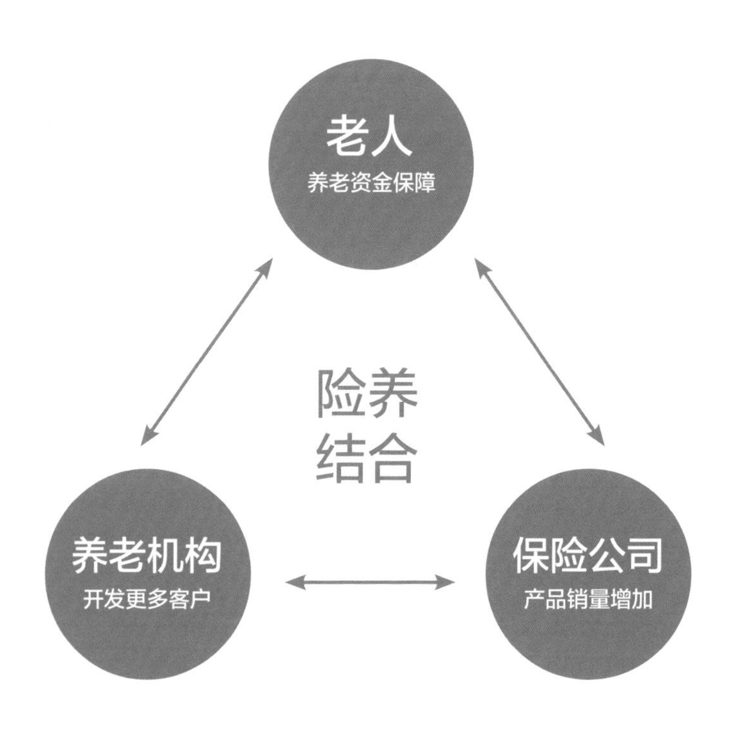

“险养结合”模式

除此之外，还有很多其他的养老项目开发模式，比如与养生资源相结合、与海外的养老资源相结合，等等。

第二章

老年人的需求特点及居住体系

第一节 我国老人的需求特点

一般而言，老年人都是随着年龄的增长逐渐从自理状态向介护老人转变，不同状态的老人有着不同的居住需求。结合我国的具体情况，根据老年人的思想、经历、经济和身体等各方面的差异，以 60 和 70 岁为分界点，大致将老人分为高龄老人、低龄老人和准老人三个部分。

一、70岁以上高龄老人的需求特点

由于 70 岁以上的高龄老人岁数大，身体状况较差，行走较为不便，需要有人陪护。

大多数高龄老人因为年轻时的生活经历，所以习惯了艰苦朴素的生活，珍惜各类生活物品，且不愿丢弃。

中国传统思想观念深深影响着这代老年人，他们子孙众多，且有很强的家庭观念，希望能与后代一起生活。

二、60~70岁低龄老人的需求特点

60~70 岁低龄老人身体较为硬朗，生活可以自理，大部分低龄老人选择不与子女同住，老人夫妇一同居住在自己家中或养老社区。

随着我国经济发展，低龄老人的生活水平较高龄老人有所提升，部分享有福利分房等福利，退休后有一定的积蓄，不必完全依靠子女。

低龄老人所育子女较多，且能帮助子女养育孙辈，故孙辈关系较为密切。

三、55~60岁准老人的需求特点

55~60 岁准老人多数只有一到两个子女，且与子女异地居住，这部分准老人的子女为接收高等教育或工作等原因离开家乡，前往经济和文化发展较好的大城市生活并定居于该地，与父母长期异地。

准老人经历过我国经济快速发展时期，经济条件尚可，部分准老人有能力协助子女买房。有的老人需要长期往来于家乡与子女所在地。

与子女异地居住的一部分准老人能学会使用互联网、手机等通信设备与子女联系。

第二节 国外老人居住体系

一、德国老年住宅范例

在德国，与家人同住的老人仅占老年家庭总数的 1/4，截至 2002 年，60 岁及以上的老年人口比重已占德国总人口的 24%，入住养老院的老年人以平均年龄为 82 岁的老年女性为主。

20 世纪 90 年代德国倡导“照料护理式住宅”，并迅速发展为德国老年住房的主要模式，德国“护理式”老年人居住模式也是当今世界比较先进的老年人居住模式之一。

（一）建筑及室内设计

走廊设置长扶手，照明充足

为了增强老年人在居住生活中的独立性和自主性，“护理式”老年人居住模式对住宅及社区环境的规划设计提出了较高的要求：

（1）要迎合老年人的特殊需求，用一些小尺度、简单但又合理的辅助设施或家具来提高住宅服务质量。例如为行动不便的老年人设计高度可调节、利于坐着工作的厨房操作台和室内合理装置的防滑扶手等。

（2）住宅和社区的无障碍设计必不可少。

（3）环境设计要与住宅尺度相适宜，具有舒适的活动空间、较强的可停留性和清晰安全的交通导向等。

（4）在规划中尽量使住宅区与社区基础设施紧密联系在一起。

明显的色块区分不同的功能区域，助老年人记忆不同的位置

（二）护理服务

照料护理式住宅依靠社区服务网络提供护理服务。这种社区服务网络主要涵盖家政服务，医疗护理服务和其他社会服务。

1. 家政服务

家政服务包括房间和公共区域的卫生清洁、必需品采购、餐饮上门服务、花园修剪、冬季清扫等。

2. 医疗护理服务

医疗护理服务包括预防、诊断、救助、治疗、护理、康复、心理或精神帮助等。

3. 其他社会服务

其他社会服务包括个人帮助、紧急求助服务、定时探访、聊天、咨询等。

户外空间通透，使护理人员能观察整片区域的情况

综合来看，护理式老年人居住模式具有较强的灵活性、适应性及对人力的高效利用率等特点，这些特点决定了它的经济适用性。相对于运营社会养老机构，其运营所需的费用要低廉很多。它的产生和发展极大地减轻了社会和老年人自身在居住和养老方面的经济压力。这种“硬件设施”配合“软件服务”的居住模式不仅可以应用于新建居住区，也能融入已有的住宅小区中。

二、日本老年住宅范例

日本是世界上人口老龄化速度最快的国家之一，截至 2002 年，60 岁及以上的老年人口比重已占日本总人口的24%。目前在日本，95.5%的老人在家中养老，4.2%的老人住在疗养院和老人中心等养老设施中。日本老人虽有与子女同住的习惯，但近些年人数在逐步降低。

日本国内三种主要的养老住宅类型

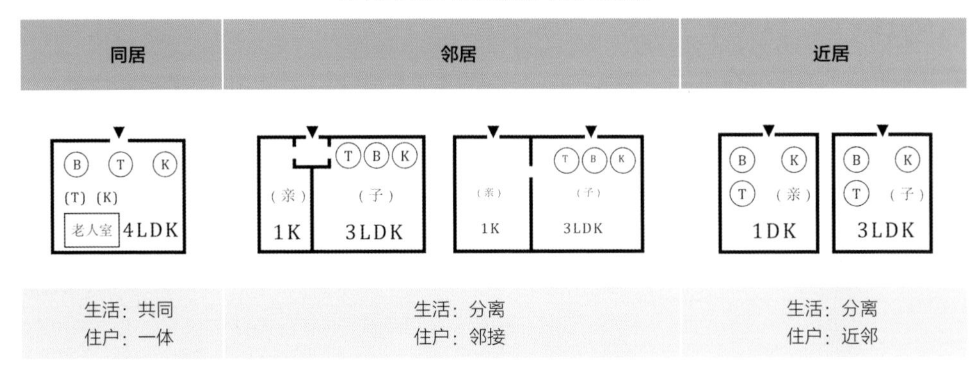

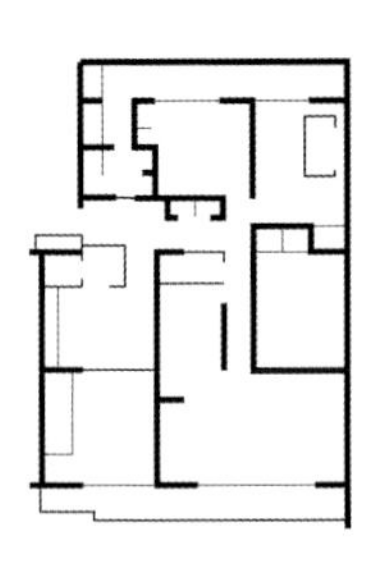

同居寄宿型

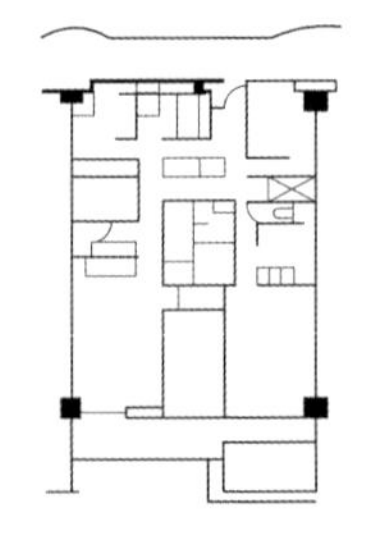

邻居合住型

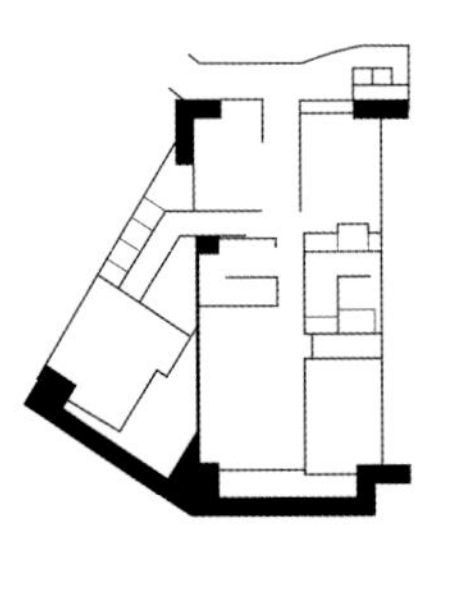

同居分住型

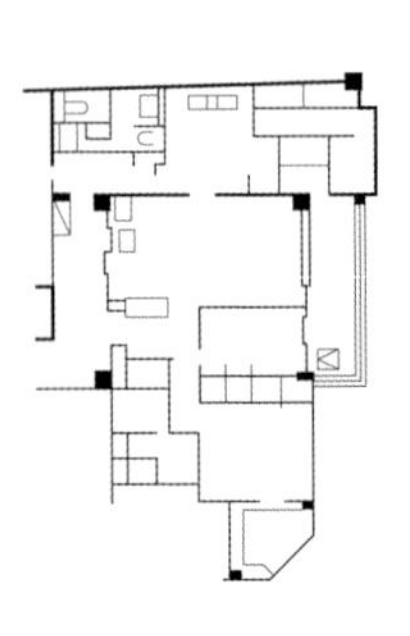

完全邻居型

日本的养老模式分为社区养老，机构养老和居家养老。居家养老即“二代居”模式是最主要的养老模式，可分为同居、邻居和近居三种模式。同居模式可分为同居寄宿型和同居分住型；邻居模式可分为邻居合住型和完全邻居型。

三、西方型家庭与东方型家庭对比

西方型家庭与东方型家庭对比

	西方型家庭	**东方型家庭**
传统家庭观	独立自主，互不拖累	赡养老人，敬老爱幼
主体家庭结构	亲子分居小家庭为主体	多代同堂大家庭为主体
老年福利体制	以社会保险、社会福利为主，政府补贴、社会救济、家庭赡养为辅	以家庭赡养为主，社会保险、社会救济为辅
老年福利对策	增强老人独立生活能力	增强家庭养老功能
老年住宅形式	低层独立式住宅或公寓	低层集合式住宅或公寓
社区服务目标	帮助老年人家庭	维护社区养老服务
老年居住福利设施	满足老人对居住环境多样性需求	开发社区服务网点，收养在宅养老有困难者

由上表可见，东西方的社会背景和家庭类型不尽相同，在家庭观和人生观上差异较大。因此，西方社会看起来优势领先的养老制度或者政策，并不一定适用于我们的实际情况。但西方社会的养老设施和福利的确迎合他们的实际需求，他们讲求尊重个人的隐私和生活习惯，多以独立生活为主，社会福利和社区服务提供有限度介入的帮助，这样的设计符合西方老年人的价值观，能照顾到老年人实际的心理感受。

而我国的养老设施或机构多数讲求集约化管理和服务，务求将有限的资源用于服务尽可能多的老年人。这样的设计模式可以服务更多的对象，却无法照顾老年人实际的心理需求。虽然我国老年人有浓重的家庭观念，但也有其个人的需求或者爱好。随着现代老年人身体素质的提高和生活观念的改变，如何设计出一种既符合东方家庭观，又迎合老年人个人需要的养老模式，将成为一个很大的挑战。

第三节 我国老年居住体系

我国 90% 的老年人在社会化服务协助下通过家庭照护养老，7% 的老年人通过购买社区照护服务养老，3% 的老年人入住养老服务机构集中养老。以居家为基础、社区为依托、机构为补充的多层次的养老服务体系与国内基本的养老现状相适应，也符合家庭观念较重的老年人的养老需求。所以，要更好地应对老龄化社会的到来，重点是要发展社区养老服务。

一、家庭养老

家庭养老是一种环环相扣的反馈模式。在经济供养上，家庭养老是代与代之间的经济转移，以家庭为载体，自然实现保障功能，自然完成保障过程。父母养育儿女，儿女赡养父母，这种下一代对上一代予以反馈的模式在每两代之间的取予是互惠均衡的，在家庭单位内形成一个天然的养老基金的缴纳、积累、增值以及给付过程。

二、机构养老

这里的机构主要是指城市中的社会化养老机构，这种养老机构除了老年人使用的居住单元外，还设置了餐厅、娱乐室、多功能厅等公共空间。在城市老年居

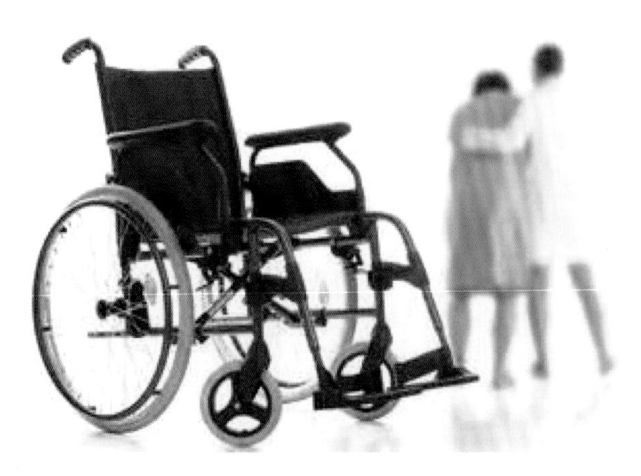

护理院

住机构设施中，目前老年设施依据其入住对象、自理程度、服务方式、私密性以及功能组成等，可大致分为老年公寓、托老所、护理院、老人院（福利院）及老年设施综合体等。

三、社区养老

社区养老是指社区建立完善的服务网络，为居家养老提供必需的医疗服务、生活服务和紧急求助服务，以定期信息联系及上门服务的形式，让老年人共享社会养老资源。此外，社区养老服务网络还应与专业人员一起建立老年医疗网络、老年教育网络、老年娱乐网络等多层次的社区服务网络体系。

公共健身器材

根据我国国情和社会的发展，家庭结构日趋小型化，传统家庭养老功能在弱化，随着空巢老人、高龄老人和生活不能自理的老人不断增多，以家庭养老的传统养老观念正在悄悄地发生着改变。提供社会照料服务的社会化养老设施的需求日益加大。从社会发展的前景来看，养老趋势是由家庭养老为主向社区养老与家庭养老并存方向发展，最终以社区养老为主。目前我国正处于向社区养老与家庭养老并存的转变阶段。

第三章

养老社区的规划设计

第一节 养老社区的规划设计原则

养老社区不同于一般的社区，针对老年人这个特殊的群体，常规的设计手法与设计规范在很多情况下并不适应老年人的身体和活动需求，所以养老社区的规划从宏观的角度出发，就要站在老年人的立场，以老年人的视角来考虑问题。

老年人由于自身的特点，体力弱，视觉和听觉衰退，反应迟缓；其次，老年人有重人情、重乡情的心理；同时老年人渴望能独立照顾自己，获得他人尊重。这些特点决定了他们对环境有许多不同于年轻人的要求。老年社区的规划和设计的标准不仅要求规划设计人员拥有无障碍设计的意识，以及实施过程中对细部构造进行处理，还应注重老年人的身心需求。

由于老年人的特殊性，要因地制宜，选择合适的设计形式和采用合适的方法，还应满足安全性、便捷性、舒适性以及私密性与可交往性并存原则。

一、安全性原则

养老社区规划设计中应该把安全性放在首要位置。养老社区除了满足社区内消防和无障碍设计的要求外，还应根据老年人的特点，在交通、活动、视觉等方面做好细部设计，保障老年人的安全。

住区内应配备监控系统和相关电子化设备如呼救系统，可以对养老社区的室外活动范围进行全天的实时监控。打造安全可靠的老年社区是提高老年人居住品质和丰富文化生活的保障，可使其在公寓内住得安全放心。安全感的空间感受需要各种适老化设施设备，而老年社区设计中的安全感又体现在细部设计上。

（一）人车分流

由于老人身体机能下降，行动迟缓，出行以步行和非机动车为主，较为缓慢，与速度较快的机动车混行容易发生危险，因此住区道路系统宜采取人车分流的形式。

常见的人车分流形式是：外环为机动车道，内环为人行道。外环是车行道，而社区的内部是慢行系统，也就是以散步路为主，人和车在交通空间上是分开的，避免安全隐患。考虑到老人有负重、急救等情况，需要机动车行驶至单元出入口出接送老人，可以在单元入户附近设置少量机动车停车位，便于特殊情况下老人的接送。

在人车分流的基础上，还需注意人行道与停车场出入口交叉位置的设计。在交叉口，机动车与行人的距离太近，容易发生危险。在规划设计上，可以将机动车出入口的位置设置在社区入口处或者行人较少的地方。如果条件不许可，可以在交叉口处铺设微自然面的铺装，提示驾驶员降低车速。

人车分流

（二）无障碍设计——消除地面高差

无障碍指环境中应无障碍物、危险物。老年人由于生理和心理条件的原因，健康人可以使用的东西，对他们来说却可能是障碍。因此，设计者应树立以人为本的思想，设身处地为老弱病残者着想，积极创造增进性空间，以提高他们的自立能力。

无障碍玄关

无障碍浴室

无障碍设计除了对环境空间要素的宏观把握外，还必须对一些通用的硬质景观要素如出入口、园路、坡道、台阶、小品等细部构造做细致入微的考虑。

1. 建筑出入口

出入口是老人进出建筑的重要关口，其设计除了满足老年建筑的设计标准外，还应充分考虑到老人的行走需求。建筑出入口应设置雨篷，可以遮风挡雨，避免老人在下雨天出行淋湿；出入口的平台宽度设置至少应在 180 厘米以上，方便使用轮椅的老人；有高差时，除了台阶，还应设置无障碍坡道，坡度应控制在 1/10 以下，坡道两边宜加护栏，并采用防滑材料。

无障碍门口

无障碍路口

2. 园路

路面要防滑，并尽可能做到平坦无高差、无凹凸、自然面。蘑菇面的石材表面虽然有较好的艺术效果，但容易绊倒老人，所以应尽量选择火烧面、荔枝面等平整且防滑系数高的铺装材质。人行道路面宽度应在 135 厘米以上，以保证轮椅使用者与步行者可错身通过，空间足够的情况下还可以将宽度设置在 180~200 厘米，满足两部轮椅并行。纵向坡度宜在 1/25 以下。在小区园林道路设计中，应当注意尽量避免高差的变化，特别是一些不太显眼的小的高差变化，应尽可能通过坡道来缓和过渡，后期的改造坡道也应该注意满足坡度的比例，使轮椅可以很好地通行。

3. 坡道

坡道是帮助使用轮椅的老年人克服地面高差，保证垂直移动的最直接方式。为了保证轮椅在坡道上能够正常使用，纵向断面坡度宜在 1/17 以下，受条件限制时，也不宜高于 1/12。当坡道长度超过 10 米时，除了坡道的起点和终点，还应每隔 10 米设置一个轮椅休息平台。台阶踏面宽应在 30~35 厘米，级高应在 10~16 厘米，幅宽至少在 90 厘米以上，踏面材料要防滑。

家用斜坡设计

4. 台阶

对于较小的台阶，可以在台阶的一边搭建坡道方便轮椅通行，但对于较高较长的台阶，由于不方便设置斜坡，可以使用升降的平台，目前市面上常见的升降器械有三种，相信今后会产生出很多种形式，方便我们的生活。

（1）电动爬楼机：在没法设电梯的状况下，可以在楼梯上加轨道，像坐在小板凳上似的坐在小凳子上，然后从轨道上慢慢升降。

（2）垂直升降平台：升降机尺寸较小，在空间较小的地方也可以使用，老人坐在电梯里可以垂直地升降。

（3）轮椅悬挂式升降装置：在地铁里经常看到，可以让轮椅在一个轨道式的升降平台上通过台阶，由于体型较大，目前使用于大型公共建筑当中。

电动爬楼机

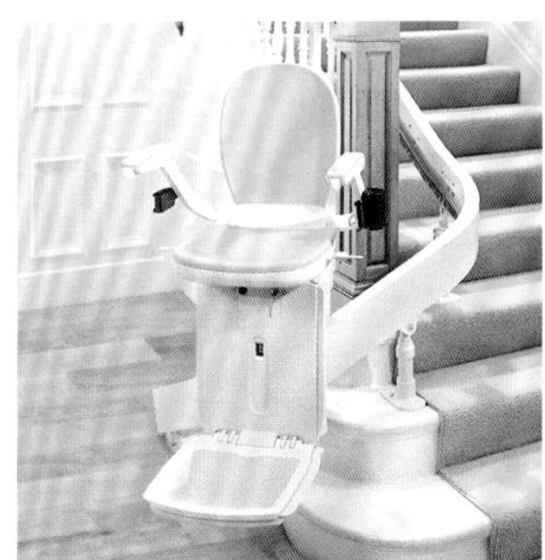

垂直升降平台

家用电梯

5. 厕所、座椅、小桌、垃圾箱等园林小品

设置要尽可能方便轮椅使用者使用，其位置不应妨碍视觉障碍者的通行。

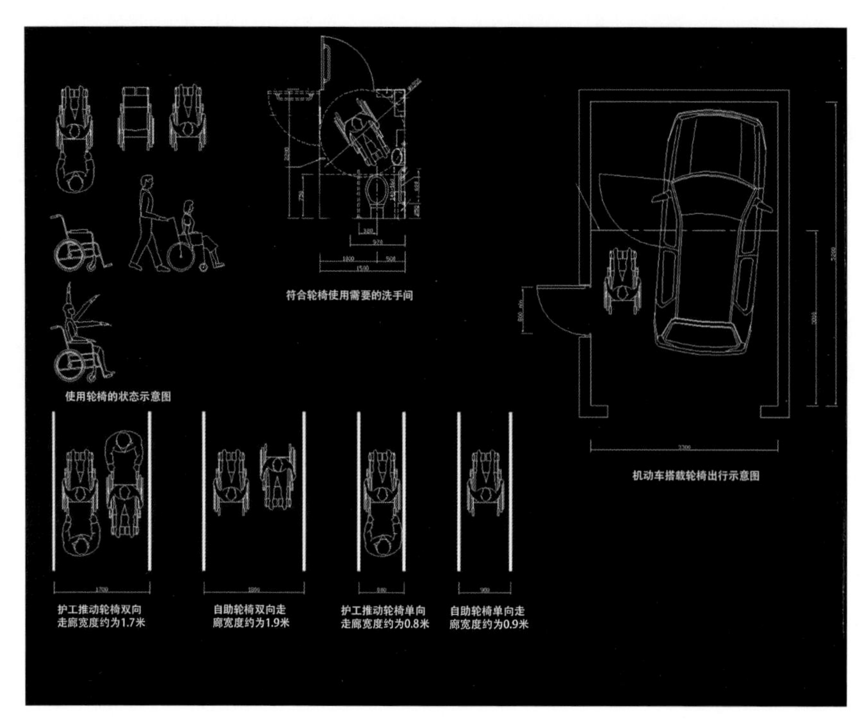

适合轮椅通过的各项尺寸

二、便捷性原则

养老社区应保证居住老人能够便捷无障碍地使用，所以社区内部的交通、活动、休憩和标志系统应满足老年人的身体需求。老年社区不仅是老年人居住和生活的地方，还容纳了大量的社区配套的服务人员，如护理人员、清洁人员、管理维护人员和老人家属等。老年社区不仅为居住老人服务，还应为这些服务人员提供便捷。

（一）功能组织与选址

1. 园路系统

社区内需设置良好的园路系统，将各种建筑设施和户外空间串联起来，又为老人提供良好的散步环境。社区内各楼栋和设施之间最好能设置带遮蔽的连廊，以便雨雪天气时老人安全出行。老年人是通过步行或借助轮椅来进行大部分活动的，所以户外空间中的主要道路体系应简洁明了、宽度适中且铺装平整，避免出现较多的十字交叉路口，以便老人识别和使用。园路系统的规划应绕过高差过于明显的地形，保持园路平坦，还应注意与机动车道隔离，保证老年人的安全。

社区内部在交通流线设计上，除了留给老年人单独的系统外，还应该留给工作人员流畅无阻碍的交通系统，明确区分老年公寓不同功能区之间的不同流线，这样不仅能保证安全无障碍性而且不妨碍老年人的休闲活动、散步社交，还会提高工作人员的使用效率，提高服务质量，做到以人为本，实现景观对人居环境的利益最大化。

2. 地面停车位

老年人出行多依靠步行或者自行车等非机动车交通工具，但由于老年人身体机能退化，不适合推着车上下坡进入地下停车库，所以在单元出入口附近规划一定数量的非机动车停车位很有必要，这样便于老年人停车入户。另外也应为救护车等特殊车辆规划一定的停车位，便于特殊情况下老年人的接送。

3. 健身活动空间

老年人身体素质下降，必要的健身活动可以调节他们的身体机能，也能让他们合理支配闲暇时间，充实生活。在普通型居住区中的养老社区中的老人，多半与子女距离较近，平时照顾孙辈的可能性较大，可以考虑将老年活动空间与儿童游戏空间结合起来设置，让老年人在照看孙辈的同时可以进行健身活动。健身器材与游戏设施可以利用建筑的架空层等空间来设置，这样老年人在下雨天也可以进行锻炼。近几年许多老年人会采用广场舞等方式锻炼身体，背景音乐释放出来的噪声会对其他住户产生影响，在规划时可以将这类活动场地设置在离住宅楼较远的位置，或者设置在住宅楼的山墙一侧，降低噪声对住户产生的影响。

4. 休憩停留空间

老年人散步或户外活动时一般会走走停停，间隔一段距离设置座椅等休息设施有利于老年人恢复体力。有的老年人不喜欢被关注，不愿受外界干扰，他们喜欢私密性和安全性较强的空间，可以按照自己的想法支配环境，在养老社区中应适当地规划出这种半私密型的空间，利用乔木、花池、景墙等进行围合，营造私密性的同时又能增加景观美感。

（二）显眼的标志系统

认知和反应能力的下降会影响到老年人对空间的识别和判断，所以他们对空间的识别性有着特殊的需求，熟悉且有明显特征、易于识别的空间有助于他们更好地进行户外活动。

1. 避免使用反光材质

老年人视力衰退，易受到强光刺激，设计标志牌时应选择哑光表面材质。

2. 多用图像标志取代文字

老年人视觉的精细化辨识能力衰退，对文字的识别所需要的时间较长。考虑到便于老人快速地读懂标志牌上的信息，应尽量以轻松可辨的图形元素取代传统的文字描述，从而提升老年人参与信息交互的动力。

3. 高对比度

标识的图文色彩与背景色应增强对比。同时，要综合考虑标识牌与附近环境的配合，例如照明光源的亮度、照射角度与标牌的关系是否得当，考虑标牌的图底配色是否与环境亮度相应，并结合环境氛围活用各类配色。

三、舒适性原则

（一）老年人的身体尺度

人体工程学建议的设计尺寸

老人每天有很长的空闲时间，有的老人经常坐在轮椅上或是凳子上，老人处于坐着的状态下，视线的高度、手臂向上伸直的高度等尺寸必须在空间设计当中去考虑。

扶手：扶手高度与人体的胯骨同高是最适合受力的，结合老年人的身体尺度，设计中常见的尺寸在离地面 0.8~0.85 米处。

座椅：室外座椅和桌子的设置应按照老年人体的特点制作，还要考虑老人们交谈的需要。

种植池：花坛和种植地应高出地面至少 75 厘米，预防老年行人被绊倒。

老年人常用的辅助器具尺寸对我们平常设计空间或者是摆放家具都有很重要的意义。只有了解了它以后，我们设计的时候才有较高的准确性。比如老年轮椅的长度和高度，助行器、老人的购物车、浴凳等物品的尺寸。

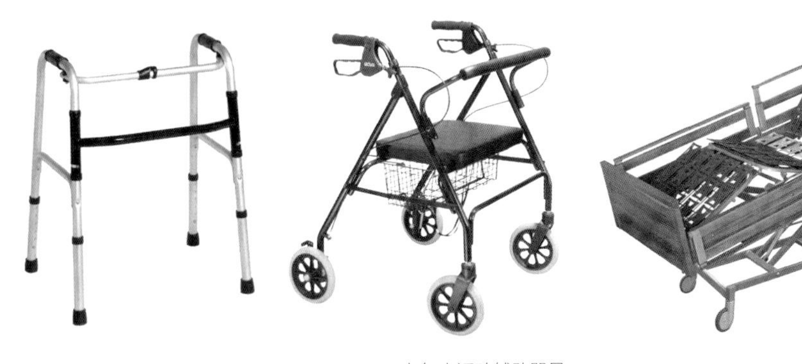

老年人活动辅助器具

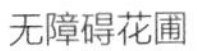

无障碍花圃

无障碍花圃

（二）材料和质感

材料的质感、肌理、温度也正如人一样具备各异的特性，表现了不同的情感，应充分把握其共性与特性，适当地应用到设计中。如柔软的草坪、亲切的木材，均可带给人温馨的感觉。但是设计中要正确把握材料的属性，将其对安全的影响降到最低。如室外铺装中应选择表面粗糙如荔枝面和火烧面的石材，而不应选择光面的材料，以防雨雪天气对老人出行造成影响。

四、私密性与可交往性共存原则

老年人的社会角色和生活方式发生很多变化。老年人希望能维持自己的生活习惯而不受到他人影响，常常需要具备独立性和私密性的空间，但由于老年人日常只在社区内部活动，出行距离较短，能够交流的人和娱乐活动场所的选择性不

公共健身器材区 1

多，容易引起老年人孤单、寂寞的情绪，因此他们又希望能够与外界交流，去消解心中的烦郁。

为适应老年住户的需求，社区中应建造出不同层次和氛围的空间，让他们既有安静、私密的独处环境又有互相交流、娱乐的开放空间。这些空间各自分布在社区中，在一定程度上相互连接、相互渗透，既能保证老年人行动时的相对独立，又能吸引他人加入和保持互相联系，以增强老人的舒适感、安全感和领域感。

设计时为明确住户与住户之间、住户与外部环境之间的界限，可以采用合理的分隔和界定的方法来实现。如利用植物、景墙、微地形、道路和水体等围合出私密性空间，活动广场和林间空地成为老年人一起健身娱乐的绝佳场所。

养老社区中的场地应尽量多用途化以满足老年人不同的需求，如活动场地可满足跳舞、做操、打乒乓球等活动，同时绿荫下又提供了可以休憩和交流的地方。需要注意的是，这种类型的活动场地不宜设置在社区的中心位置。为了保证住区安静的氛围，活动场地应设置在社区的一侧角落，和其他的一些设施组合起来设

公共健身器材区 2

置，利用树木屏蔽视线和噪声，也可以设置在一些住宅的山墙侧，降低噪声对住户的干扰。

儿童活动场地的设计也要考虑适老化的问题，在带有老年公寓的普通住区，很多时候都是老人来照料孙子女，因此儿童活动场地旁边也要考虑老人的设施，比如休息座椅和健身器材等，让老年人可以打发等待儿童游戏的时间。

绿荫下休息交流的地方

第二节 养老社区的空间组织

一、选址研究

养老社区的选址主要考虑交通、配套、环境和区位四大因素。需要便利的交通条件，有城市快速路或轨道交通能够方便地到达。一些养老社区为方便老人出行和子女探望，专门设置班车往返于社区与重要轨道交通站点或公交站点。良好的自然环境对老年人的身心健康有一定的积极作用，因此养老社区一般布局于空气清新、环境宜人、自然环境良好的地段。在优质的景观资源周边通常有着大量的养老社区布局。

养老社区一般尽可能临近或利用现有的医疗资源、公共服务等配套资源。其中，医疗设施对于老年人来说最为重要。社区附近 10 分钟车程内应配有医院或者其他医疗设施，以解决老人的就近医疗和突发疾病等问题。养老社区还可以与周边医院建立绿色就医通道，方便老人有突发性疾病或者严重疾病的时候，能便利、迅速就医。

二、占地规模

近几年养老地产开发热情高涨，部分养老社区项目规模过大，动辄用地规模高达数千亩甚至上万亩，床位数量逾千张，与老人需求不符。这类型的养老社区不仅给老年人带来很多不便，后期运营管理也面临极大挑战。

老年人活动范围受其生理、心理及环境的影响，范围以室内和社区的室外环境为主。室外活动根据其生活习惯和交往方式等，可分为基本生活活动圈、扩大邻里活动圈。

基本生活活动圈即老年人每天所到之地，是日常生活中使用频率最高和停留时间最长的活动场所。活动范围包括宅间绿地、社区绿地、老年活动站等场所，老人在此活动容易产生安全感和亲切感。此圈层活动半径小，以步行不超过 5 分钟为宜，约 180~200 米。

扩大邻里活动圈即老年人长期生活和活动的空间，可达性包括整个居住区范围。此圈层范围不宜大于老年人步行 10 分钟的疲劳极限距离，约 450 米。

三、功能分区

养老社区宜采用中心点向外扩散开来的空间布局，以住宅单元为中心，其他功能设施按照老年人对社区服务的依赖程度依次布局。重点应考虑医疗设施布局，在满足老年人需求的同时实现与周边社区的资源共享。

养老社区的配套设施应注意动、静分区和主、次分区。一些大型、常用的配套设施例如社区活动中心、老年大学、健身中心等，可集中布置在社区入口等人流集中场所，营造热闹氛围，并要注意与老人居住组团分开，以免在声音上对后者造成不良的影响。一些可兼顾对外经营的设施（如医院、药店）可靠社区边沿布置，方便社区内外的人员共同使用。

我国老人日常生活中的出行方式仍以步行为主，配套设施的设置以便利为原则，因此常用服务设施应设置在老人的步行适宜范围内，位置需根据使用频率和老人的行动能力而确定。

据一项针对北京老人出行行为的调查，老年人 75.5% 的出行距离都在 2 千米以内，62.5% 的出行时间在 20 分钟以内。因此，建议社区配套设施与老人居住楼栋的距离不应超过上述范围。当社区规模较大，部分公共服务设施与老人居住组团距离较远时，宜设置电瓶车或班车搭载老人出行。

医疗服务站点宜就近老人居住楼栋。随着年龄的增长，老年人因看病而出行的比例会大幅增加。医疗服务站点距离老人居住楼栋不宜超过 1 千米，应保证老人特别是高龄老人能够方便地到达。这样也能保证在老人突发疾病时，医护人员可及时地做出反应和处理。

小超市、理发店、按摩店、公共餐厅、医疗服务站等小型、常用的服务设施应重复、分散地设置。与老人日常生活紧密、相关使用频率较高的服务设施应设置于每个居住组团出入口，便于老人到达。

四、布局形式

老年公寓与普通住宅是有一定区别的，老年公寓由一条长廊串联起不同的单位，可提高管理的效率。老年住宅从平面布局上看跟普通住宅区别不大，它多数以单元式的形式出现，里面的空间与普通住宅会有所不同，主要体现在适老化的方面。老年人比较适合单开间或者两个开间的单元，户型过大并不合适。可以是一梯两户或者一梯多户。

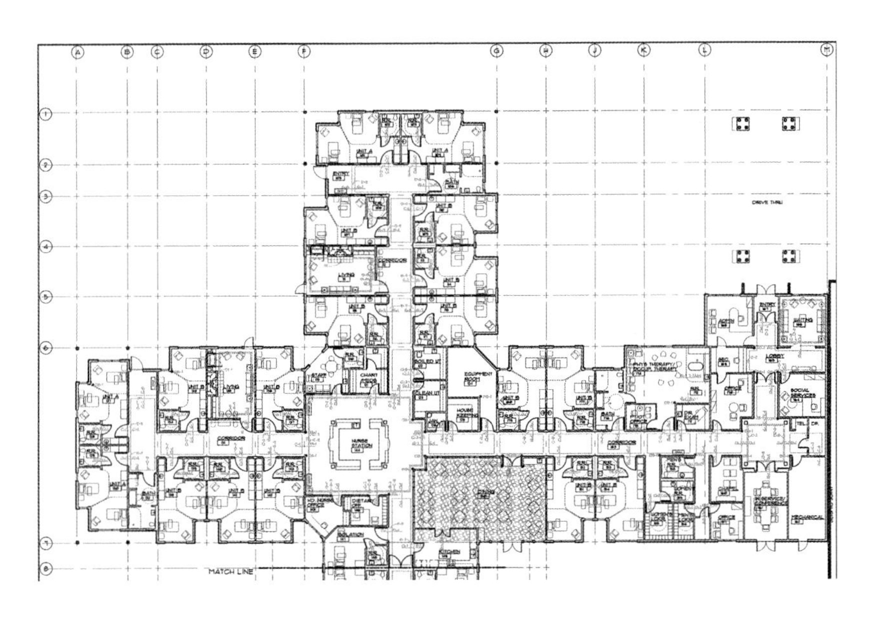

老年公寓常见的平面形式

五、空间尺度

老年公寓居室预留的空间要足够宽裕，以方便轮椅的回转进出，特别是门厅、卧室、卫生间、起居室、厨房等空间的主要活动路径。但也不提倡一味追求大，因为一个或者两个老年人生活的时候是不希望自己所处的空间特别大的，只要空间足够用就可以了。老年公寓主要为单身老人和老年夫妇同住，多数为租赁性质，布局较住宅更加紧凑、集约，但套内功能仍然需要齐全，以满足老人独立或半独立的居家生活。

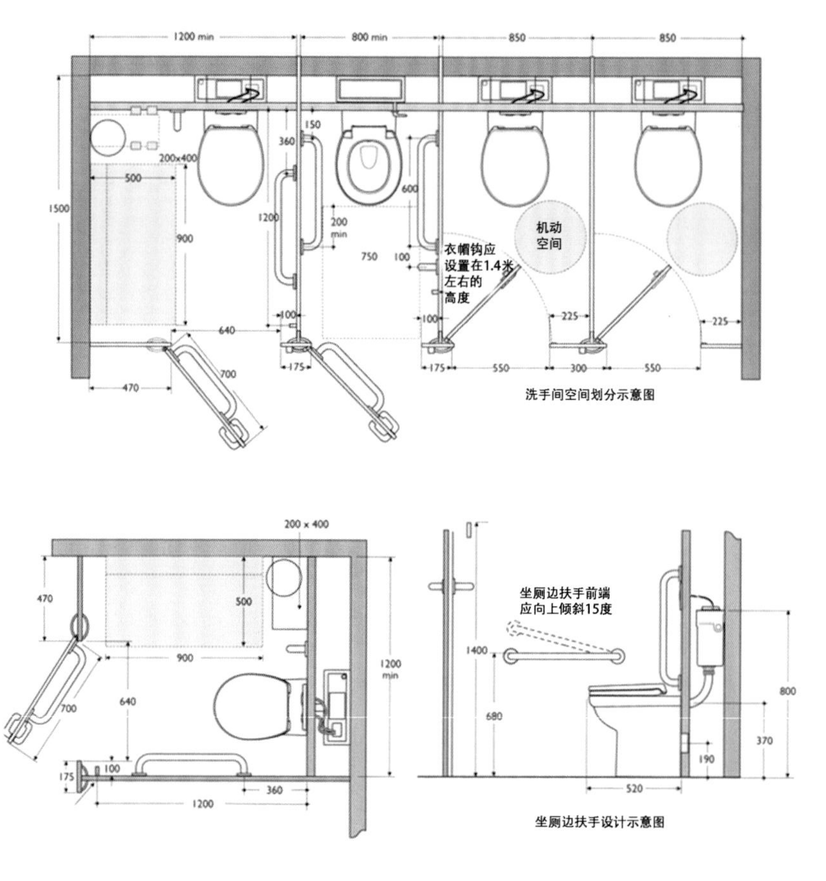

方便轮椅回转进出的空间尺寸

六、适老化设计

在适老化设计中，要充分考虑老人居住时的安全，首先便是清除高差设计，例如阳台出入口处的高差，或者是门槛，都存在绊倒老人的安全隐患。其次是在需要注意的位置设置一些辅助工具，通常就是设置一些扶手，例如卫生间的坐便器旁边、浴室的淋浴间、客厅的沙发旁边等位置。扶手能为老人提供借力点，平衡重心，减低摔倒的概率。

社区养老服务设施是指在社区中为老人提供多种养老服务的设施。养老社区应满足自理、介护及介助不同养老人群身体及精神的多样化需求，构建适宜老年人的功能体系和配套设施。社区老年人身体上的功能需求有医疗护理、养老居住、生活服务，精神上的功能需求包括休闲娱乐、文化交流和自我实现。

无障碍玄关

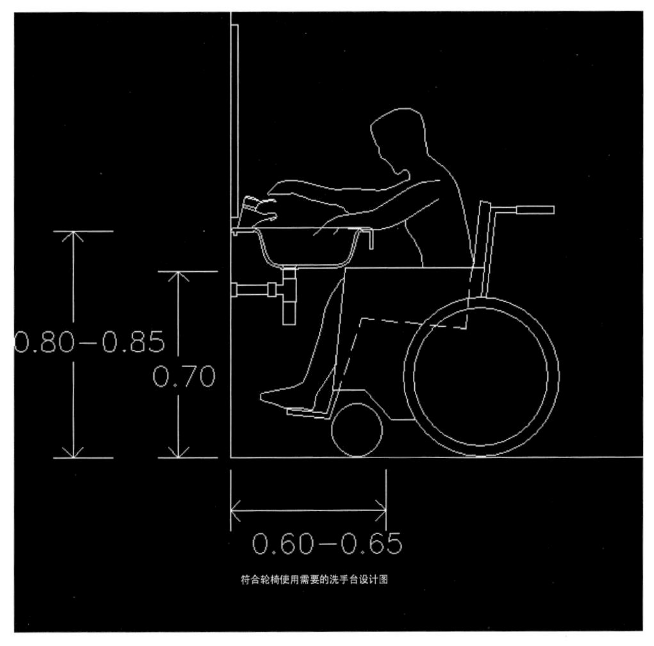

洗手台尺寸

第三节 养老社区的服务配套设施

一、老年人身体功能需求

医疗护理是养老社区最为核心关键的功能，应保障全天候为老年住户提供护理、康体等服务以及紧急情况下的应急处理等。养老社区中应配置社区卫生服务中心以及卫生站，同时增设老年人专科门诊和 24 小时监控室，并与邻近三甲医院建立绿色通道。此外，还应设置护理院，满足介助和介护老人的需求。

生活服务功能设施应尽量贴近老年人的住所或社区的出入口，为老年人提供便利。为了使老年人享受到周到便捷的服务，生活服务设施除了满足其基本购物要求外，还应提供洗衣、餐饮等服务，在老年人力所能及的条件下给予帮助，既可减轻老年人生活负担，又可保持老年人生活的相对自理能力。主要设施包括基本生活服务设施、商业服务设施、市政公用设施。

学习阅览室

二、老年人精神功能需求

老年人的休闲娱乐基本在社区的户外环境中进行，所以，创建一个舒适的户外环境，为老年人提供锻炼、陶冶身心、促进交流的公共空间很有必要，不仅有利于老年人身心健康，丰富老年人的精神生活，还能使老年群体保持积极、健康向上的精神状态。主要设施包括公共绿地、室外活动场地、室内活动场馆。有条件的养老社区还可设置老年学校和老年再就业服务中心等，提供老年人追求进步、满足求知欲望和实现自我的价值的条件，充实养老生活。

养老社区服务配套及功能

需求	功能	设施
医疗护理	康复护理，医疗，应急处理	社区卫生服务中心 卫生站 护理院
养老居住	无障碍生活	自理型养老住宅 介助型老年住宅
生活服务	满足生活需要，享受细致的服务	老年服务中心 公共餐厅 社区商业中心 便利店 市政公用设施
休闲娱乐	锻炼、散步的空间，交流的场所	文化活动设施 健身设施 公共绿地
文化交流	追求进步，提升自我	图书馆 老年学校
自我实现	生活寄托，贡献社会	老年志愿中心 老年再就业中心

第四章

案例分析

适宜的选址与功能分区

杜祖斯岛老年护理中心

- 景观和建筑设计：C.F. Møller Architects
- 地点：丹麦杜祖斯岛
- 面积：1900 平方米
- 摄影师：Adam Moerk

杜祖斯岛拥有一座应用“姑息疗法”的老年护理中心，可容纳 15 位病人。中心坐落在一处风景优美的地方，可俯瞰奥胡斯湾。

在设计中，建筑师尽可能地为病人提供最好的生活条件，提高他们的生活质量，使其在人生的最后时光获得至高的尊重，能够带着尊严离开人世。

杜祖斯岛老年养护中心是一座融于景观中的建筑。无论你走到哪里——接待区、花园、中庭、休息室、冥想室、病房，美丽的风景无处不在。

设计师力图建造一座极具人性化的建筑，不仅是一个医疗机构，还应是一个家，为老人及其亲属，以及工作人员在生理和心理层面创造一个空间。在这里，老人们将会度过他们的最后时光。

该建筑呈半圆形布局，确保所有的病房都有开阔的视野，能够让病人远眺海湾。病房位于建筑较为私密的区域，远离公共区域。每个病房都设有阳台，可俯瞰周围的风景。另外，阳光可以透过屋顶射入室内，在卧室和浴室上方形成一个天窗，在天花板上形成一道柔和的曲线。

平面图

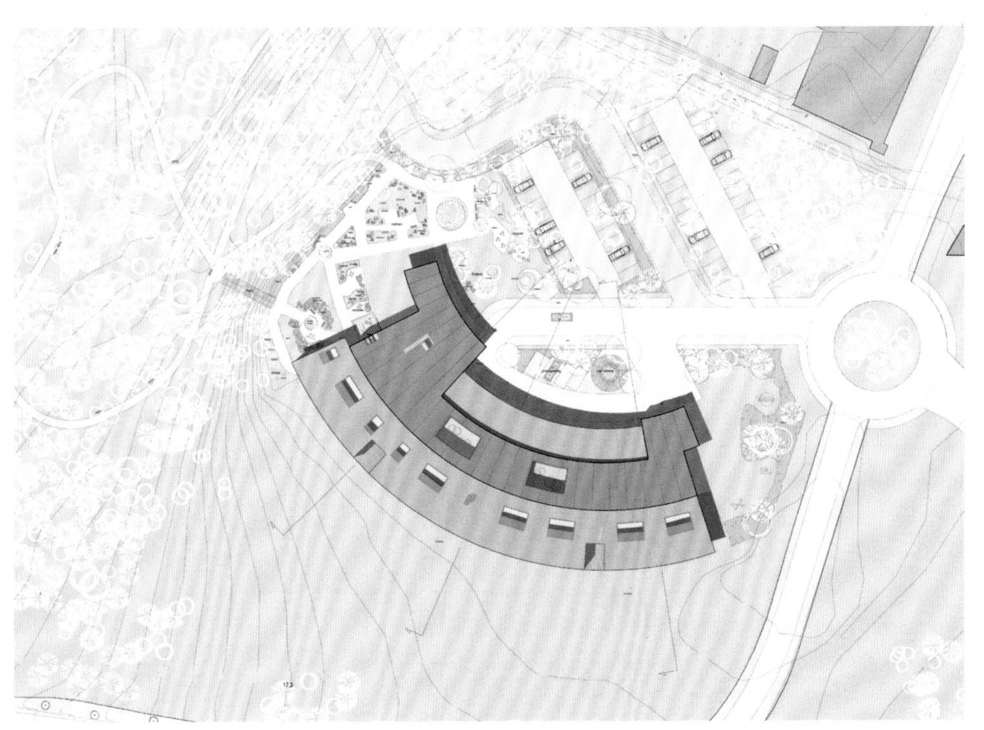

总平面图

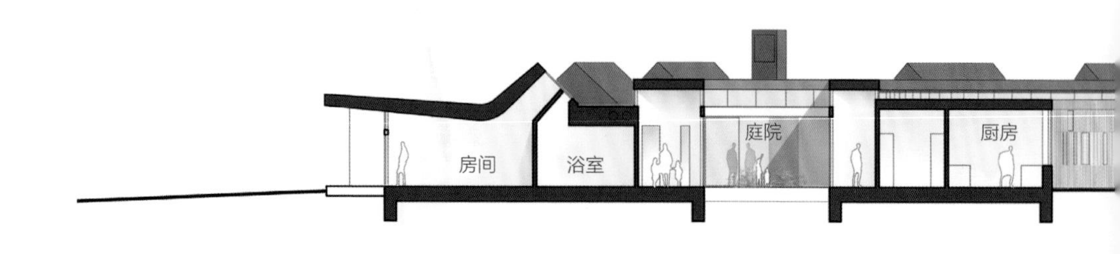
房间
浴室
庭院
厨房

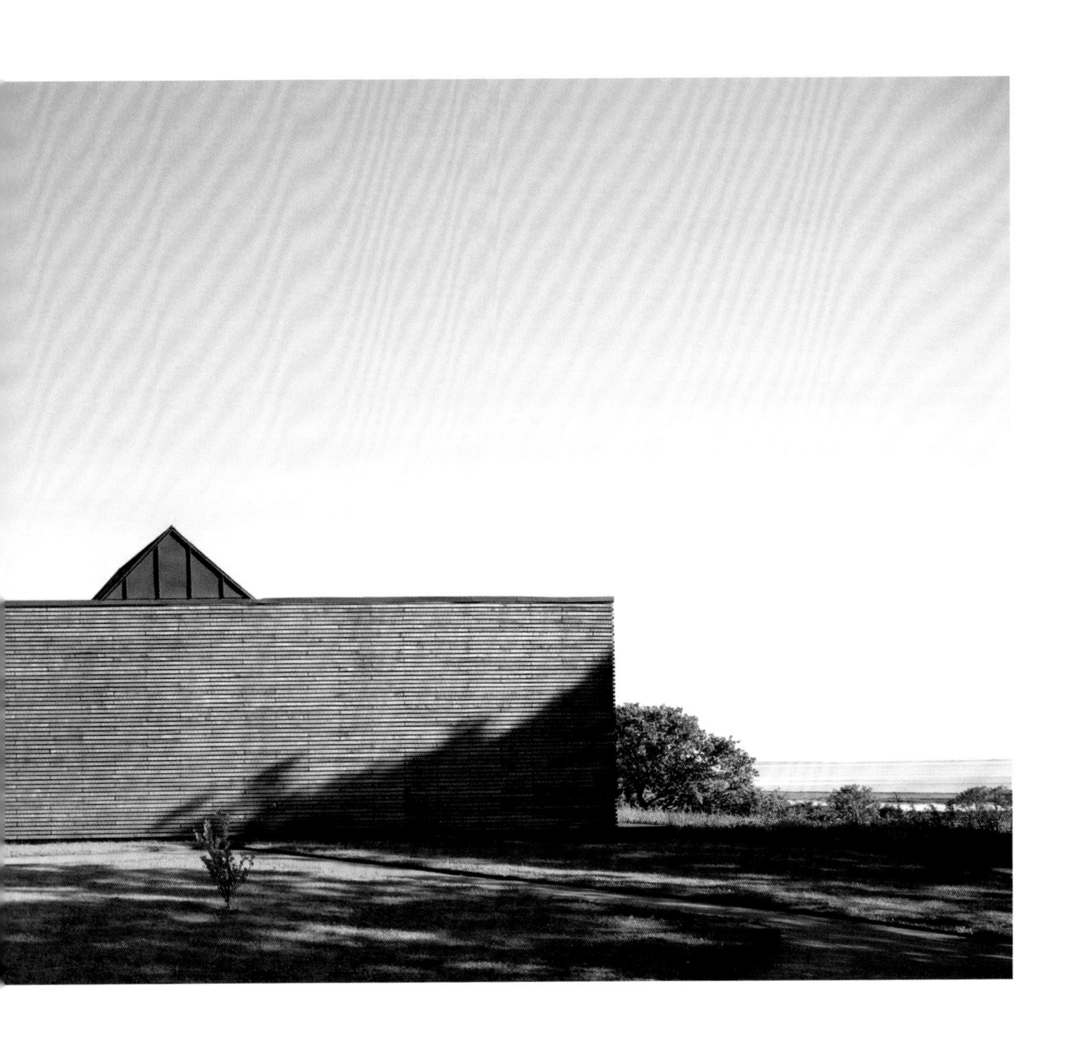

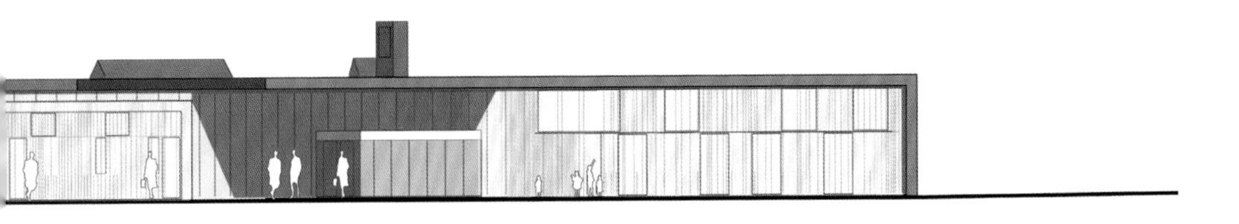

剖面图

建筑所使用的材料主要有铜、橡木、玻璃等，与周围景观形成完美、自然的互动，并在房间中营造出一种温暖的感觉。

C.F. Møller Architects 事务所的景观部门负责设计周围的景观和公园。因为建筑师特别注重感官方面的设计，如视觉、嗅觉、触觉、听觉，此外还注重加强可达性，为病人甚至长期卧床病人提供方便，所以建筑师设计了一系列柔和的圆

形物体和壁橱，并通过绿色的橡胶沥青表面与环境融为一体。

这里还建有冬景花园，种满了异国植物，如橄榄树、葡萄藤、月桂树和日本竹，使人们能够常年享受户外生活带来的乐趣，一年四季都有景可赏。就如护理中心和感官花园一样，轮椅使用者以及长期卧床的病人也能够方便地来到冬景花园欣赏美景。

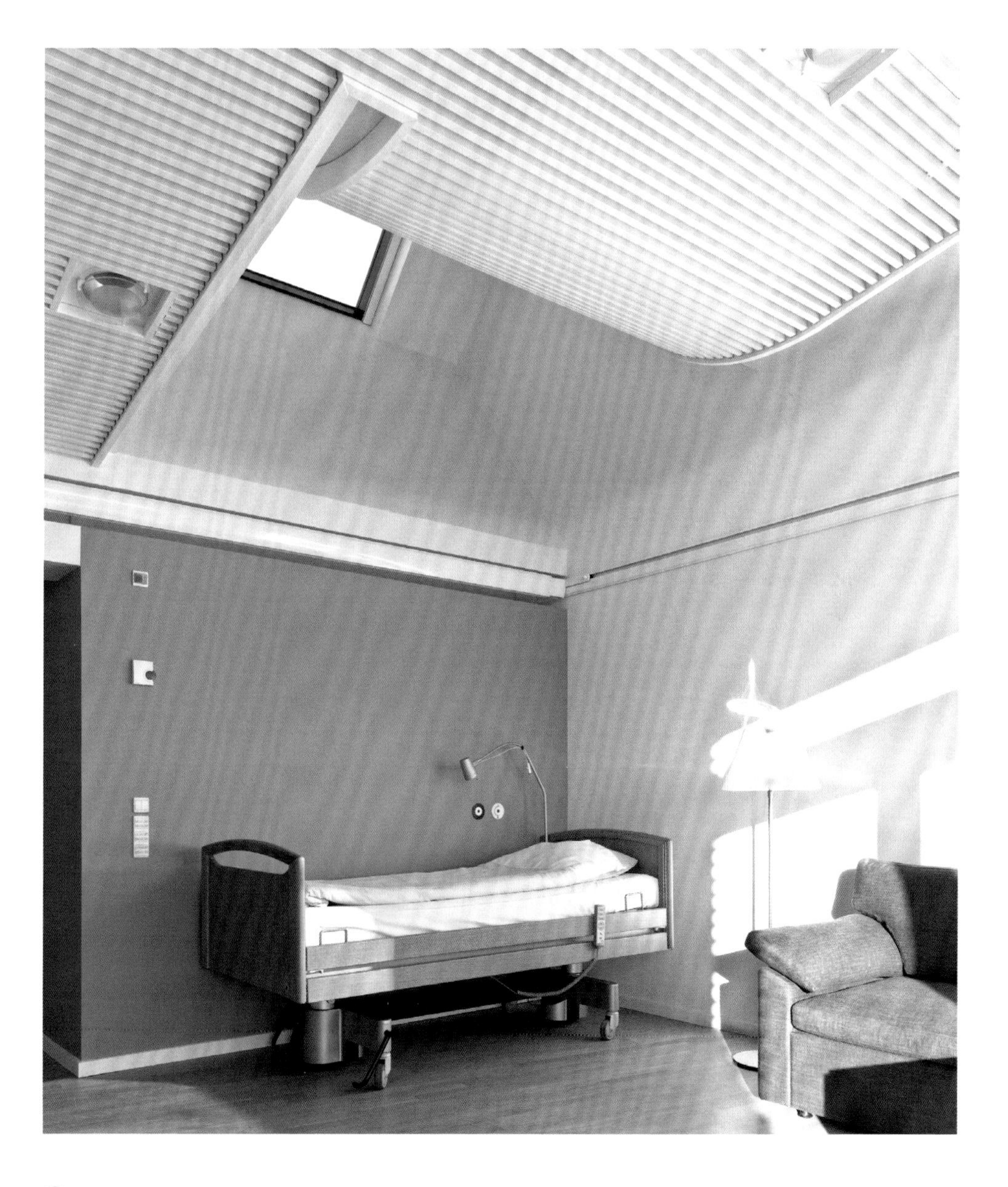

高性能环保房——低耗能老年中心

- 景观和建筑设计：C.F. Møller Architects
- 地点：丹麦斯滕勒瑟
- 面积：462 平方米
- 摄影师：Kontraframe

这座高性能环保房是一座专为老年人开设的活动中心。这是一座面积为 462 平方米的单层建筑，与周围的独户住宅区融于一体，于 2010 年正式对外开放。这座建筑的布局以一间屋顶高砌的大型公共休息室为中心，四周环设着较小的房间：厨房、暖房、台球室、电脑房、厕所、储藏室、设备间和行政办公室。

从 2003 年起，C. F. Møller Architects 事务所和 ALECTIA 工程公司就着手共同研发和设计这座低能耗建筑。该建筑也作为丹麦首批低能耗建筑之一受到了广泛的关注。

建筑中央的采暖耗能约为 17 千瓦 · 时，总能耗约为每平方米 35 千瓦 · 时，约比建筑规范所规定的一级低能耗还低 1/3。

在造型上，较为紧凑的建筑体块和理想的面积或体积比，减少了整栋建筑潜在的热损失。

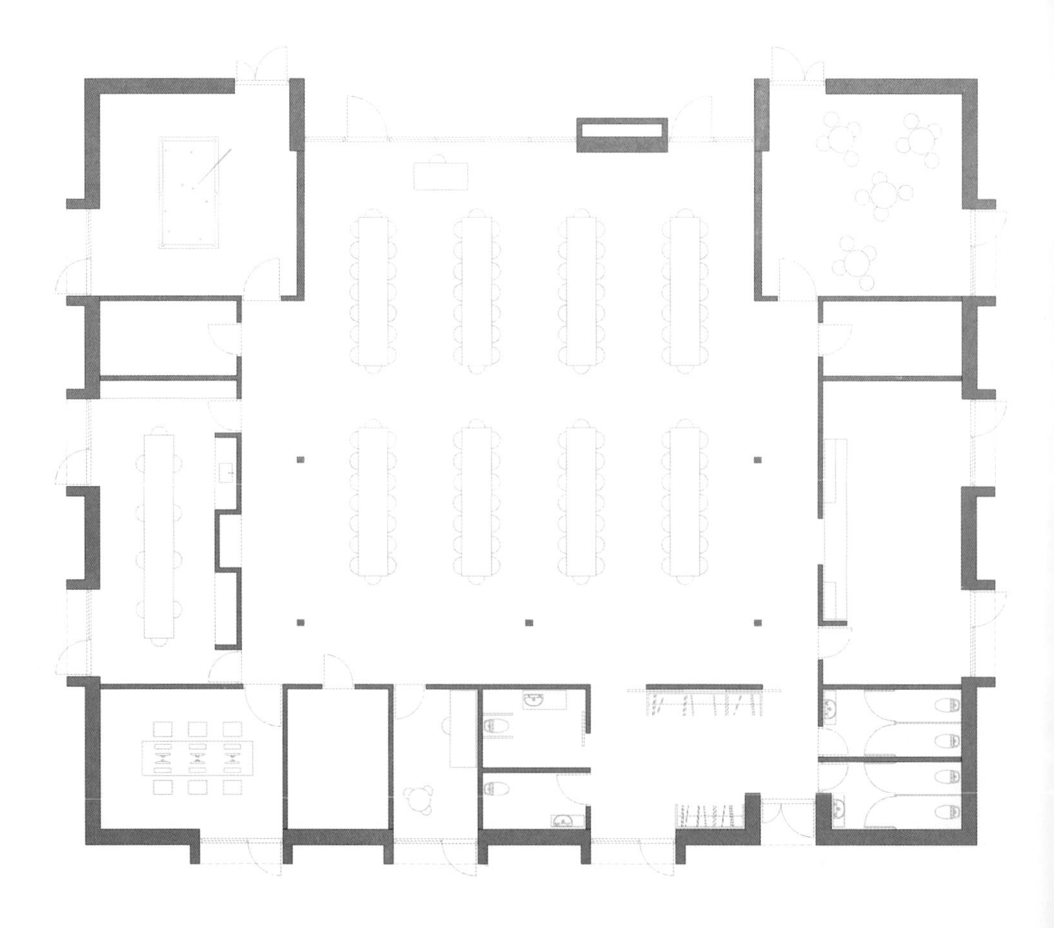

平面图

在朝向上，建筑通透敞亮，其朝向考虑到了阳光的照射和场地中原有的植物，保证了建筑在四季能最大限度地采集自然光线和热量，从而减少了对额外照明和采暖的依赖。

在通风设计上，配备高性能的通风装置，建筑内的每一个房间均保持约为 2.0 的换气率。

在主体结构上，作为预制墙板体系，建筑的承重框架由 12.5 毫米厚的钢板构成。自承重的钢壳在建筑内部构筑了连续的隔膜，避免了房基的热损耗。建筑的外饰面由防水混凝土砂浆构成。建筑的整个钢结构体系由 Thermologica A/S 设计研发。

南立面图

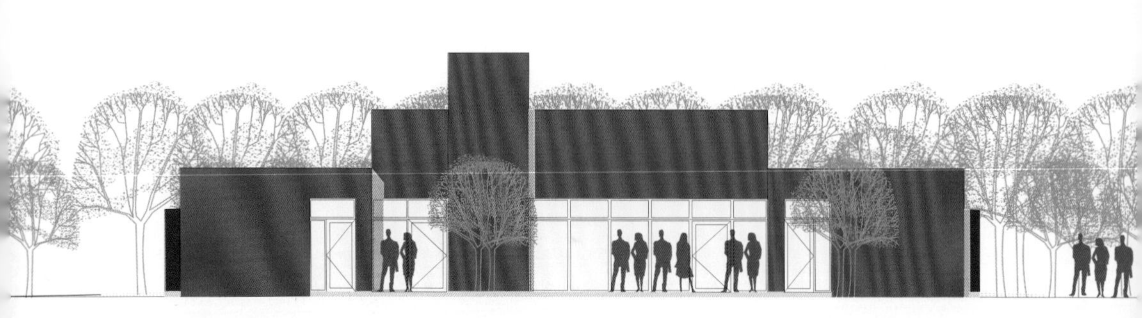

北立面图

在采暖方面，由于减少了对额外热量供给的需求，因此建筑并没有安装采暖系统。被动式太阳能和用户自身成为最基本的热源，还能够时常得到预热通风气流的辅助。

建筑配备低能耗窗户，这种窗框纤细的特制纤维复合窗，优化了日光透过率。窗户和玻璃的整体热导系数值小于 0.8，窗户的透光率为 50%，这就大大减少了对电子照明的需求。

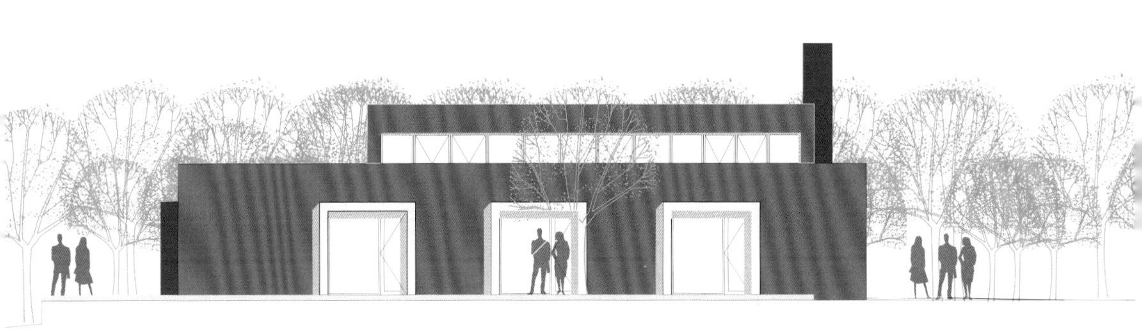

东立面图

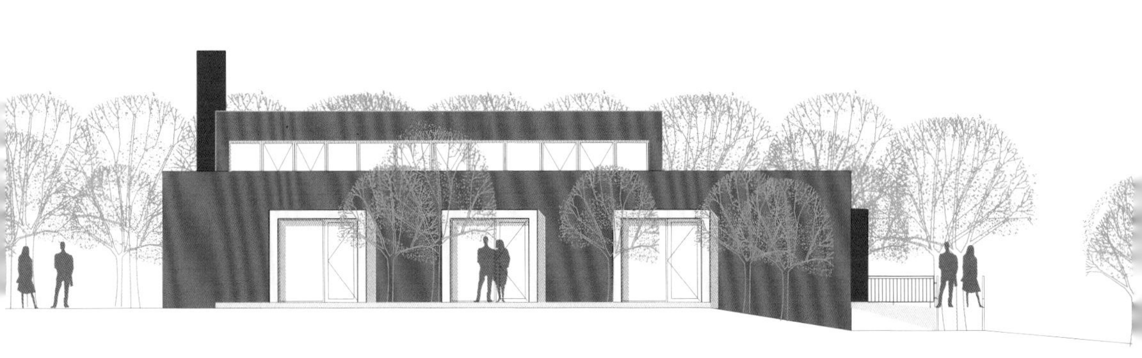

西立面图

在隔热方面，依据被动式节能屋设计标准，所有建筑构件的装配都避免了冷桥现象的出现。墙壁的保温厚度为 350 毫米，屋顶的保温厚度为 450 毫米，地板的保温厚度为 300 毫米。

建筑遵循了被动式节能房的设计标准，其气密性优于现行的建筑标准。

地源热泵为额外的采暖和热水需求提供了热源，性能系数高于 3.8。

建筑的房顶安装了 10 平方米的太阳能电池板，每年可以产生 1400 千瓦 · 时电力的能源。

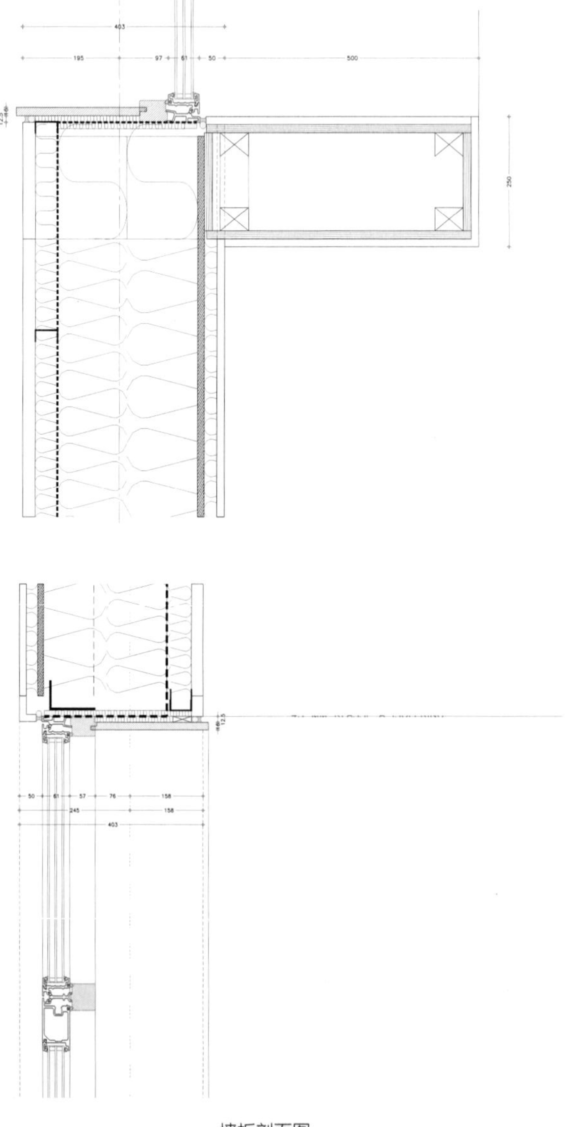

墙板剖面图

奥尼福利中心

- 景观和建筑设计：L&M Sievänen Architects Ltd.
- 地点：芬兰普基拉
- 面积：3250 平方米
- 摄影师：Jussi Tiainen, Pertti Mäkel, L&M Sievänen

普基拉是一座位于芬兰南部的小城，约有2000人口，距离赫尔辛基100千米。奥尼福利中心的建立源于一个名叫 Onni Nurmi 的人，他出生在普基拉，并且早年居住在那里。他在遗嘱中写道，他的资产（包括持有的诺基亚股份）都将用于老年人的娱乐、休养。于是在2004年举办了一个建筑设计大赛，在2008年建成了这个福利中心。

奥尼福利中心为有生理缺陷的残疾老人提供免费的住房，为有记忆障碍的老人提供集体住房，并为全市居民提供医疗中心、康复中心和公用设施，这丰富了市集广场周围建筑的多样性，给这个城市中心带来了全新的面貌。福利中心坐落在普基拉的中心，能够减少交通量，促进生态环保。超市、药店和公共服务行业均集中分布在此。同时，当居民使用这些服务设施的时候也可以顺便看望老人，而家庭援助服务人员在出发之前也可以在此地进行物资补给。

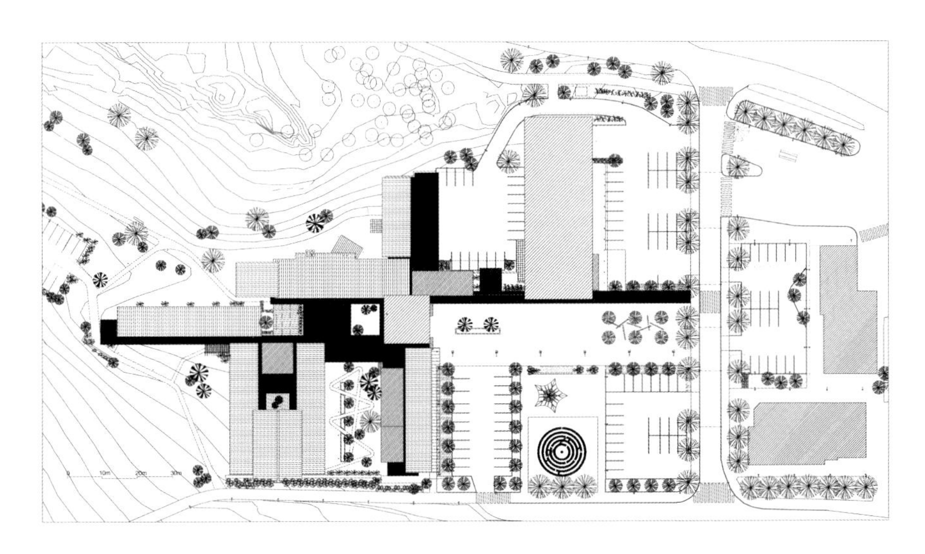

总平面图

两个含有 7~8 个房间的集体房有各自的客厅和餐厅，可以单独使用，也可以将移动的墙壁打开合并成一个大的集体房。集体房中各房间面积包括浴室在内为 24 平方米，另外还设有公共的桑拿浴室、洗衣房和个人的小型办公室。集体房附近是 5 个服务性公寓（38 平方米），有各自的露台，可供独立生活使用。当需要时，这些服务性公寓也可以和集体房直接连在一起使用。

市区居民的公共区域，即带有高大中庭的咖啡馆，成为了建筑的中心。灯笼形的中庭顶部建有一个日式花园，形成了建筑最高的部分。这座建筑主要由木质

结构构成，有长长的屋檐，按照不同功能划分成若干部分，营造出一种惬意的、田园般的空间。市集广场边缘的木质屋顶继续向内部延伸，形成玻璃幕墙的走廊。木材的大量使用增强了建筑的声学效果，并打造出一种舒适的氛围。中心的保健空间有医生和牙医坐诊的卫生院、桑拿和洗衣间。这些空间顶部的空气调节装置，都用蓝色的石膏混凝土涂刷墙壁。而用于活动的空间，例如游泳池或者水疗池、小组练习室、体育锻炼室等，则用红色的石膏混凝土涂刷墙壁。

这座建筑的设计始终遵循支持老年人参加独立活动，让他们自由地进出各个地方的基本原则，利用色彩和木质材料营造一种怡人的居住环境。另外，建筑设计中也考虑到建筑的多种用途及布局的灵活性。

在奥尼福利中心周边区域，除了市集广场，还有许多庭院和花园。市集广场分为 3 个区域：零售区、室外喷泉区和一个石砌的院子，院子里是搭着木板支架的植树区。除了广场，这里还有供小孩玩耍的攀爬网和玩捉迷藏的树篱迷宫。

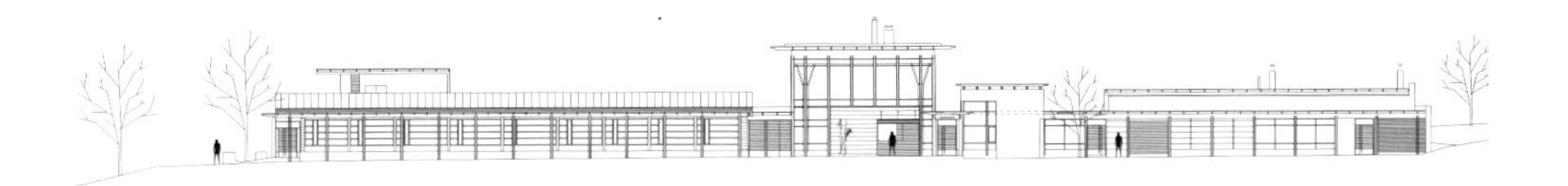

建筑东北立面图

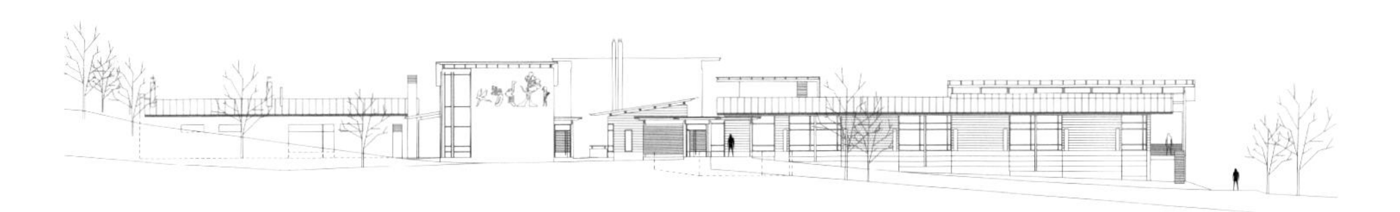

建筑西南立面图

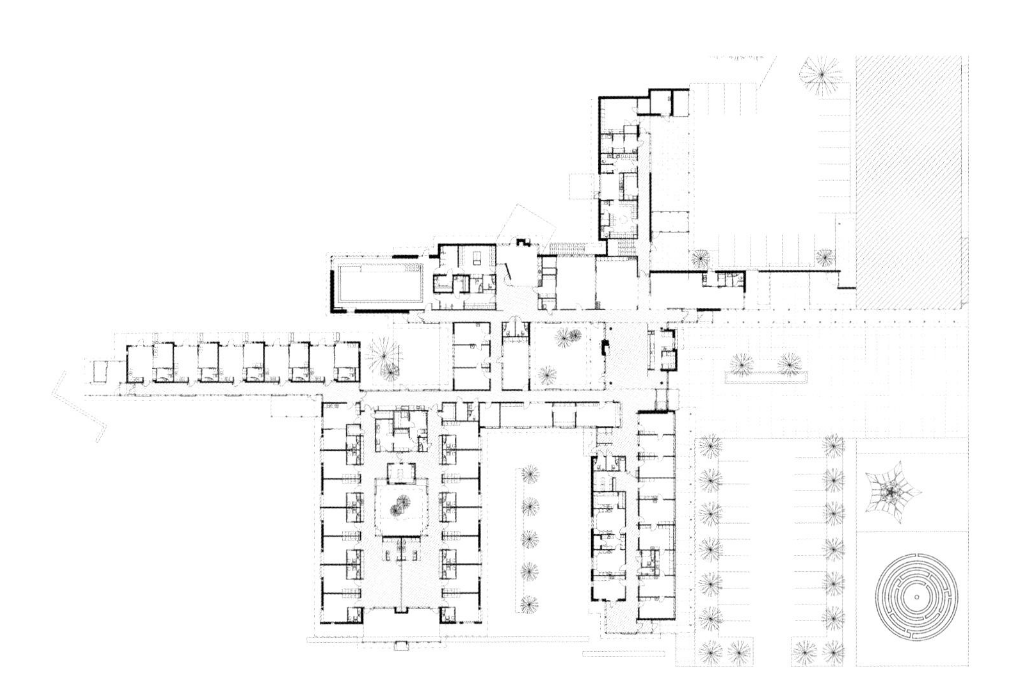

建筑平面图

日式花园位于咖啡馆的后方，是一处安静地享用咖啡或茶、欣赏美丽风景的好地方。在建筑的不同位置都可以看到这个花园。庭院里有一个疗养花园，在这里，治疗师可以教老人们练习在不同的路面上行走并使自己保持平衡的技巧。在健康中心和记忆障碍康复中心，有一个种植着各种浆果、灌木和果树的植物园。植物园中有为老人准备的种植工具和林间小道。附近有一条小路，从疗养花园向附近的森林公园延伸。小路沿侧有许多庭园，配有运动设施，可供人们锻炼身体，而且还设有长椅供人们休息。

奥尔贝克老人之家

- 景观和建筑设计： Dominique Coulon & Associés 建筑师事务所
- 地点：法国诺曼底
- 面积：5833 平方米

这座养老院位于奥尔贝克村附近诺曼底波卡基的中心，建筑依着山腰的斜坡曲线地势而建，可从山谷中一览建筑的风貌。

为了减少这座雄伟建筑的视觉冲击，设计师决定将建筑进行分割。将建筑外墙涂成绿色以达到预想的效果，建筑融入了周围的大范围景观，并反映出场地的乡村本性。外悬的底面和地基的白墙，共同营造出轻松明亮的感觉。

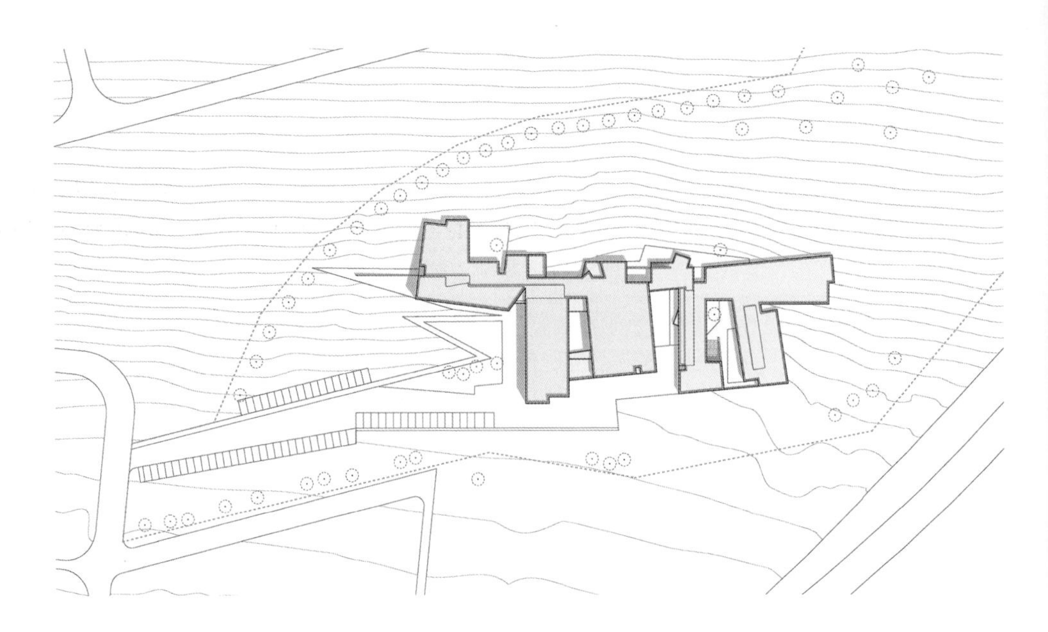
总平面图

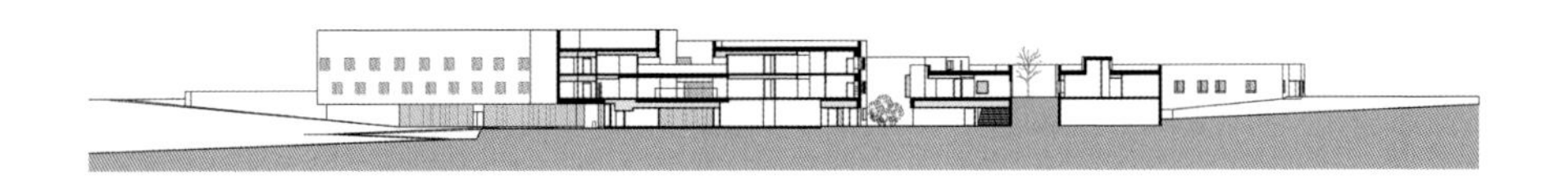
剖面图 1

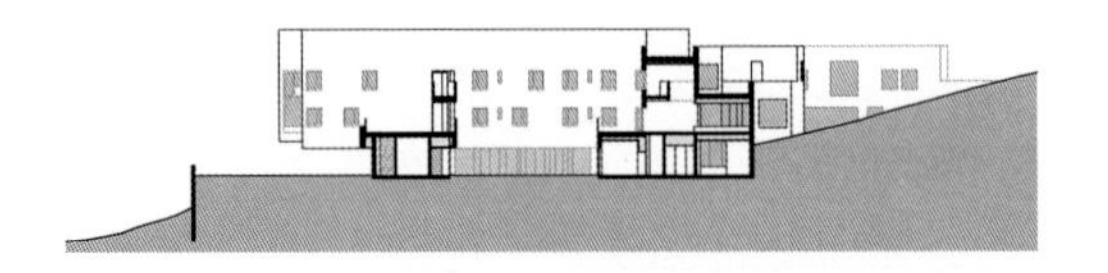
剖面图 2

一层平面图

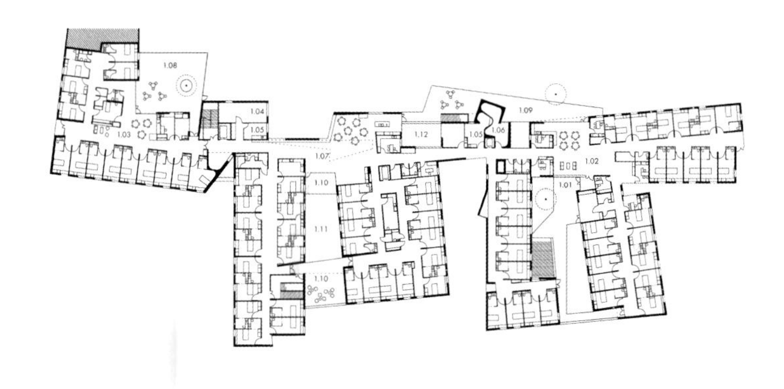

二层平面图

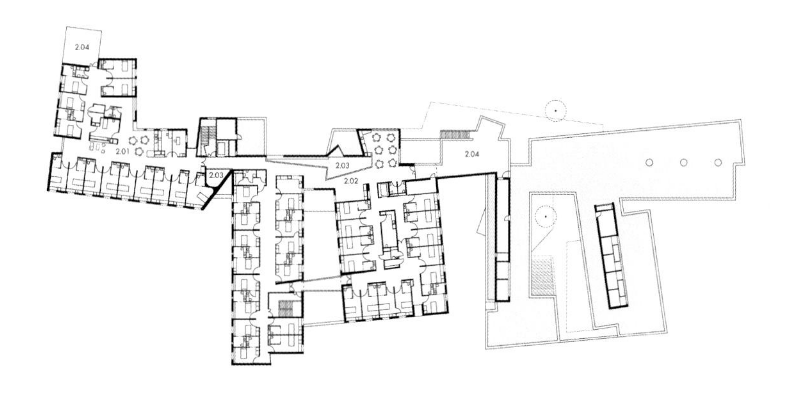

三层平面图

每一个居住单元都与建筑的其中一个部分连接，延伸到一条依山而建的南向大街上。这种布局可以让人的视觉穿透建筑，一眼从头看到尾，灯光描绘出交通道路，并且增加了环境中的多样性。设计师避免了采用医院环境中的传统颜色对室内

进行设计。部分墙体使用了黑色和红色，为空间增加了活力。

建筑的设计致力于增强生活和行走空间，它的力量在于与景观构成紧密的联系，打造出舒适的环境。

余兆麒健康生活中心

- 景观和建筑设计：吕元祥建筑师事务所
- 地点：中国香港屯门医院
- 面积：800 平方米

余兆麟健康生活中心是一个纯粹而有意义的项目，设计师提议建造一个 250 平方米的轻量化建筑结构，包括 1 个接待厅、4 个咨询室，以及 1 个多功能室。

借着“绿而精致”的设计理念，余兆麟健康生活中心带来的不仅是一个治愈患者的环境，也是患者的一个家、一座花园和一个操场。这座屋顶建筑自始至终营造着安宁和平静的氛围，让患者沉浸在自然和日光之中，为他们提供无压力的康复体验。

这是一个简单而深刻的理念。建筑包含了许多绿色元素，首先就是其轻量化钢结构以及低碳的设计要点。“悸动”理念贯穿了中心的内部规划，每个咨询室和功能区域全部附属于一座花园，在内部和外部之间形成持续的相互作用，为这一朴素的健康中心带来光亮与清新的空气。

倾斜屋顶下错综复杂的空间，以及充满自然风和日光的活泼的室内，共同营造出无压力的病情咨询环境。

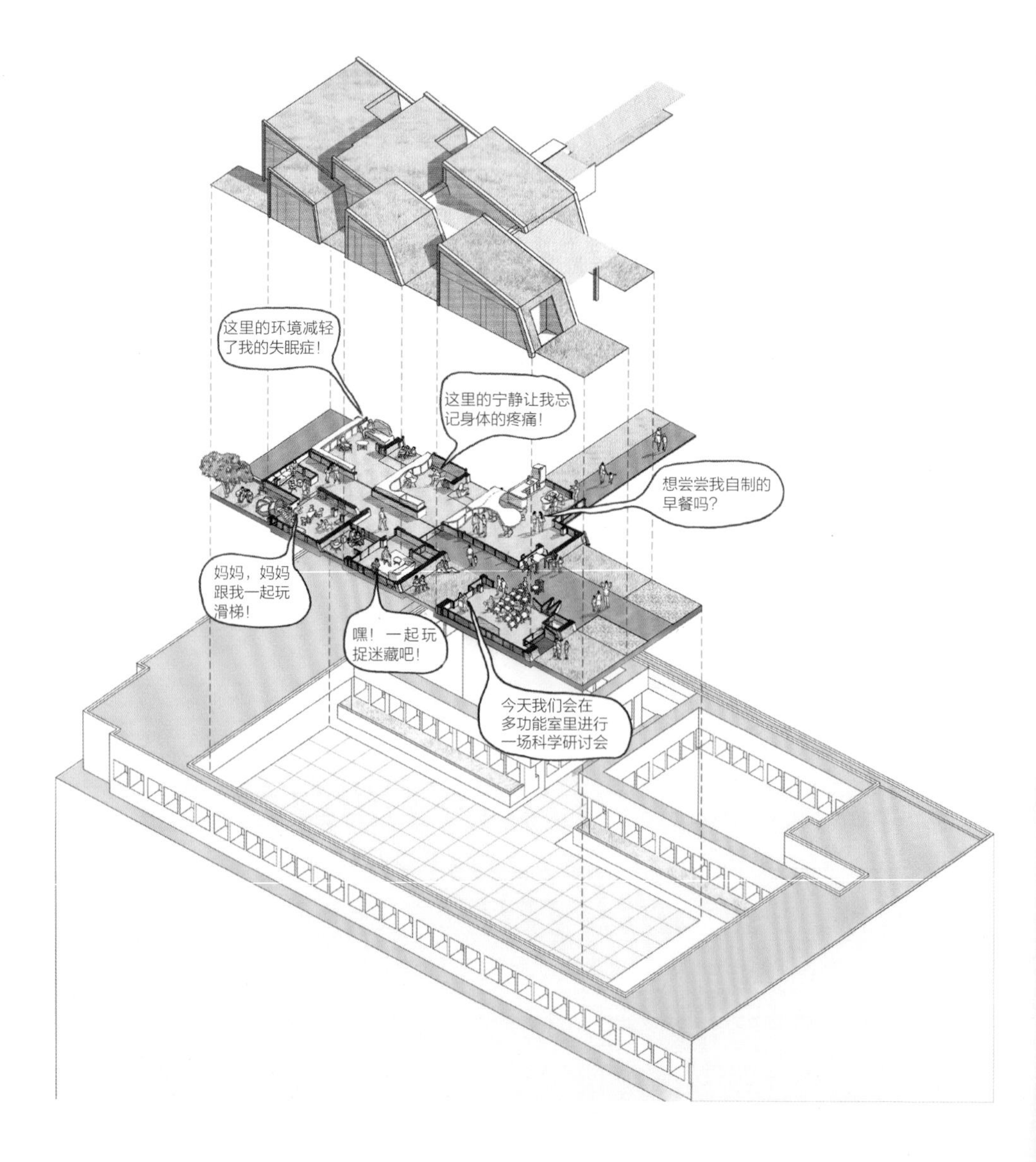

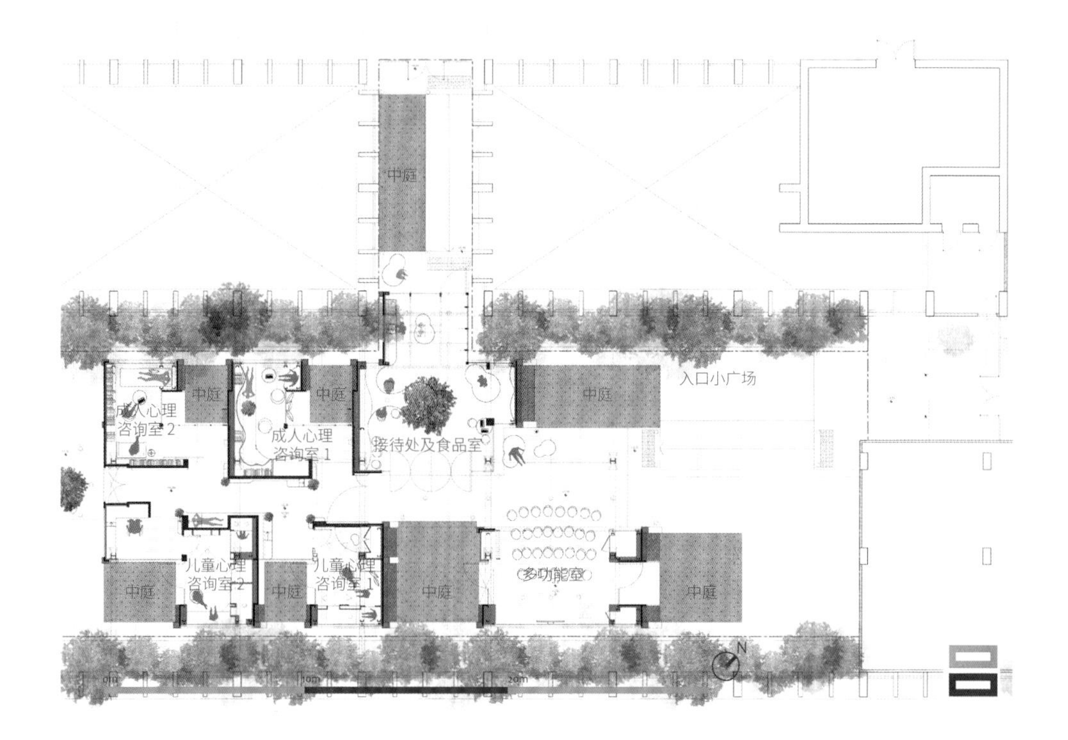
中庭
成人心理
咨询室 2
中庭
成人心理
咨询室 1
中庭
接待处及食品室
中庭
入口小广场
儿童心理
咨询室 2
中庭
中庭
儿童心理
咨询室 1
中庭
多功能室
中庭
N

平面图

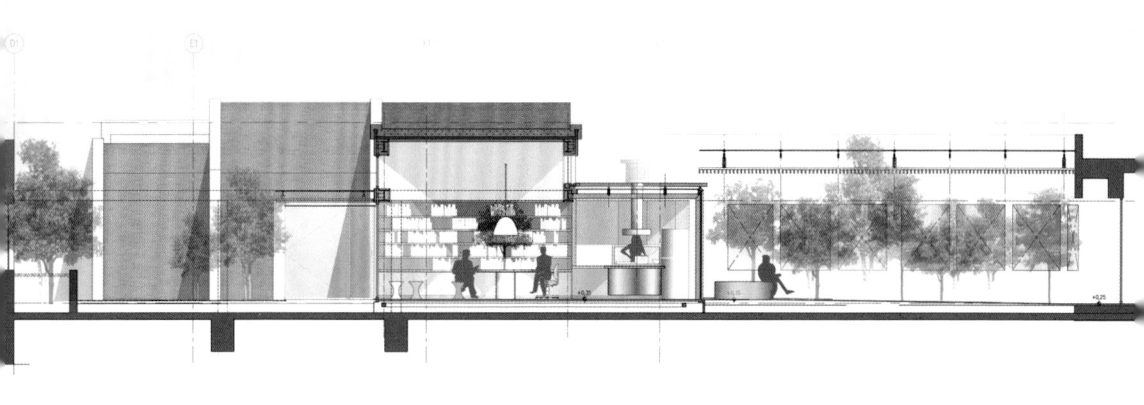

剖面图

余兆麟健康生活中心展示了可持续发展的健康建筑风格，对健康护理专业人员和患者都有明显的积极影响。从早期的项目开始阶段起，健康护理专业人员就积极地投身到项目的设计中，最终营造出充满阳光和清新空气的环境，有助于缓和患者的焦虑情绪。

项目的建筑结构虽朴素却丰富。中心是百分百自然采光及自然通风的，各个区域都设有可由患者控制的通风窗口，尽显舒适、尊重和人性化。自然通风的内部设计极大地提升了室内空气质量，保持室内环境通风透气，产生一系列低碳效益。

优秀的适老化设计

安丁科蒂养老院

- 景观和建筑设计： L&M Sievänen Architects Ltd.
- 地点：芬兰赫尔辛基
- 面积：3900 平方米（原址修整）+2000 平方米（新建）
- 摄影师：Jussi Tiainen, L&M Sievänen

安丁科蒂养老院位于赫尔辛基的东北部，原建筑建于1973年，由于功能改造，进行了翻新修整。翻修和扩建的规划原则是为老年人建造惬意的团体之家。规划的主要目标是为现在和不久后入住的每一个人建造属于自己的房间、洗手间和浴室。

建筑的每一层被划分成2或3间房间组成的组群，带有公共的桑拿浴室和洗衣房。个人房间被缩减到最小尺寸，让每个人都尽可能地与其他居民聚在一起。

此外，个人房间面积约为25平方米，同样具有许多可供聚集的公共空间，例如客厅和餐厅。养老院新建部分的房间面积约为24平方米至26平方米，而修整部分的房间面积在17平方米至20平方米之间，因为旧建筑的结构原因不能建得过大，同时每个房间都含有约4平方米的浴室。

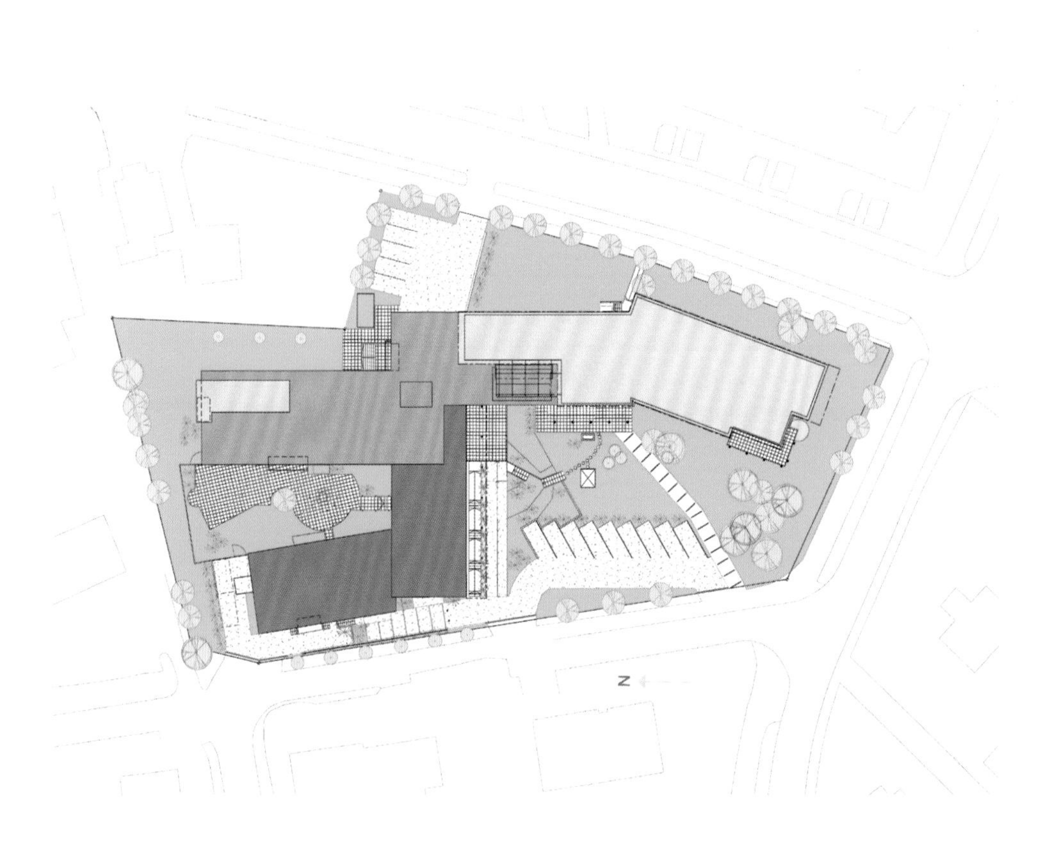

总平面图

在规划的每一步，设计师都会思考如何让老人尽可能自由地规划自己的生活，同时能够通过符合人体工学的设计来帮助他们生活。这需要非常细致和一丝不苟的规划——如何利用空间以及如何布置每一件物体。

在考虑方位的时候，设计师将每层楼刷成不同的颜色。之所以会使用非常强烈的颜色，是因为上了年纪的人的行动能力和视力都会变弱。而之所以会充分考虑不同房间的声学效果，同样是因为老年人的听力经常会变弱。

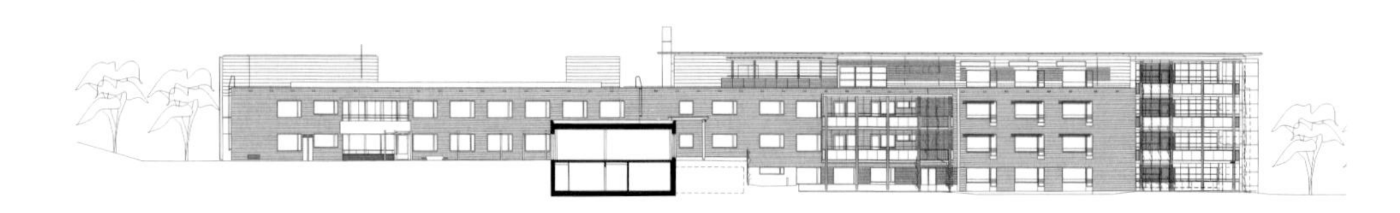

西建筑立面图

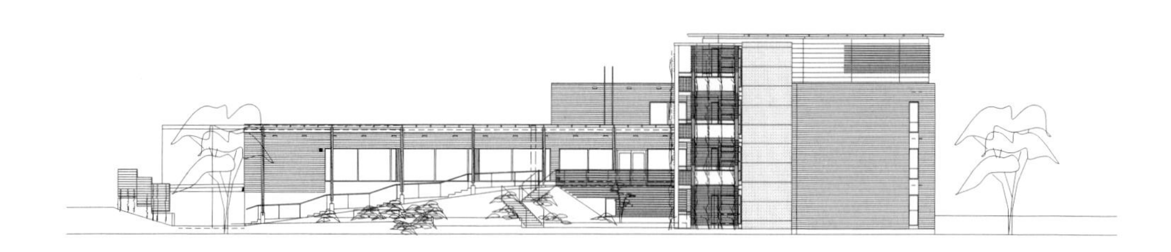

南建筑立面图

效果图

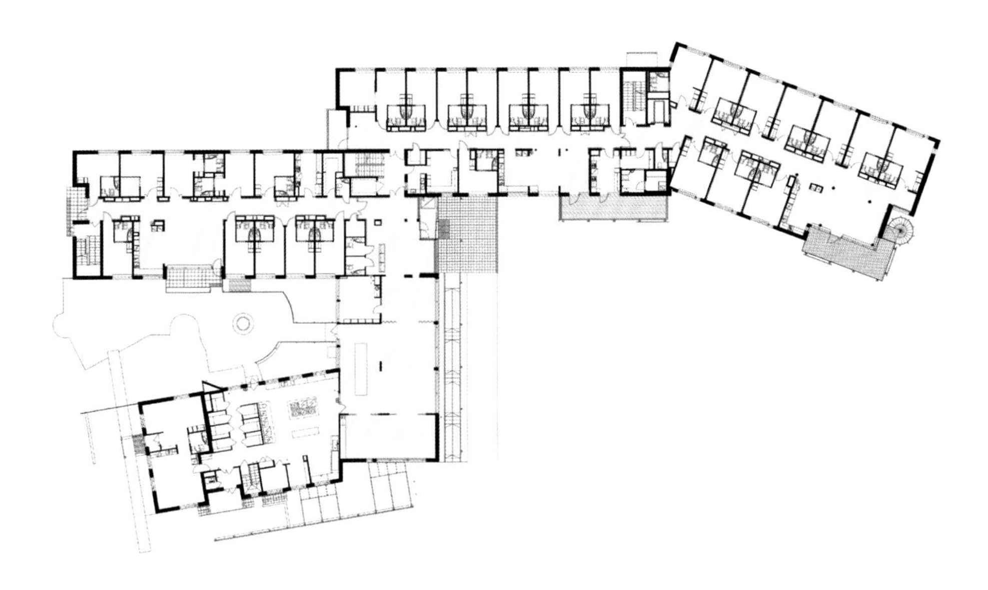

一层平面图

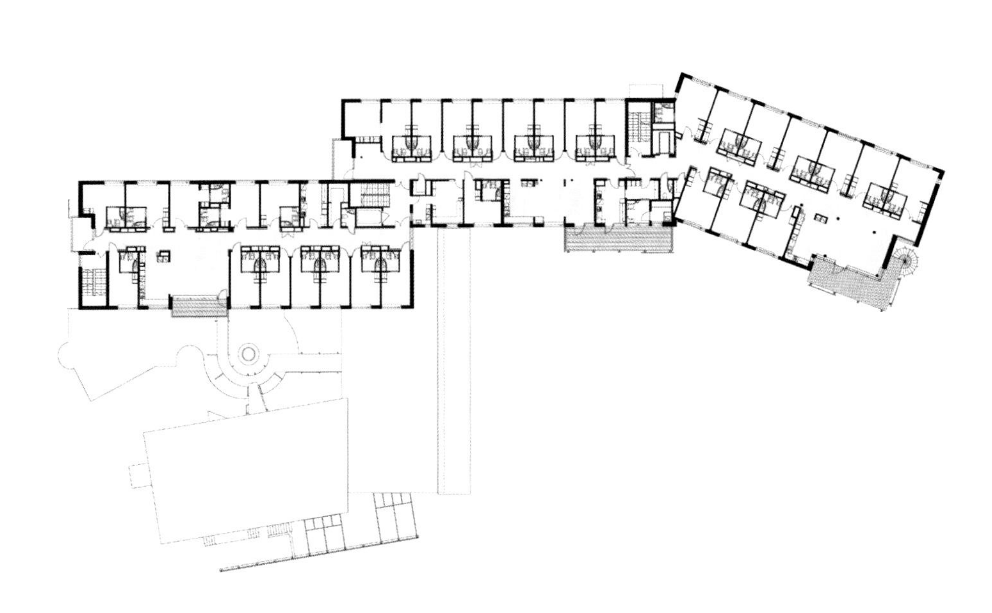

二层平面图

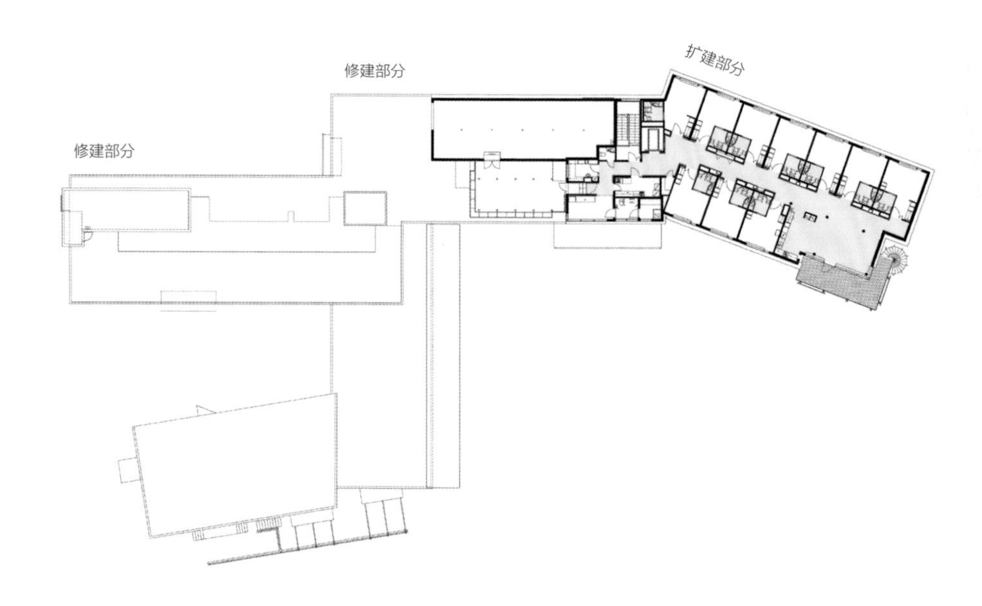

三层平面图

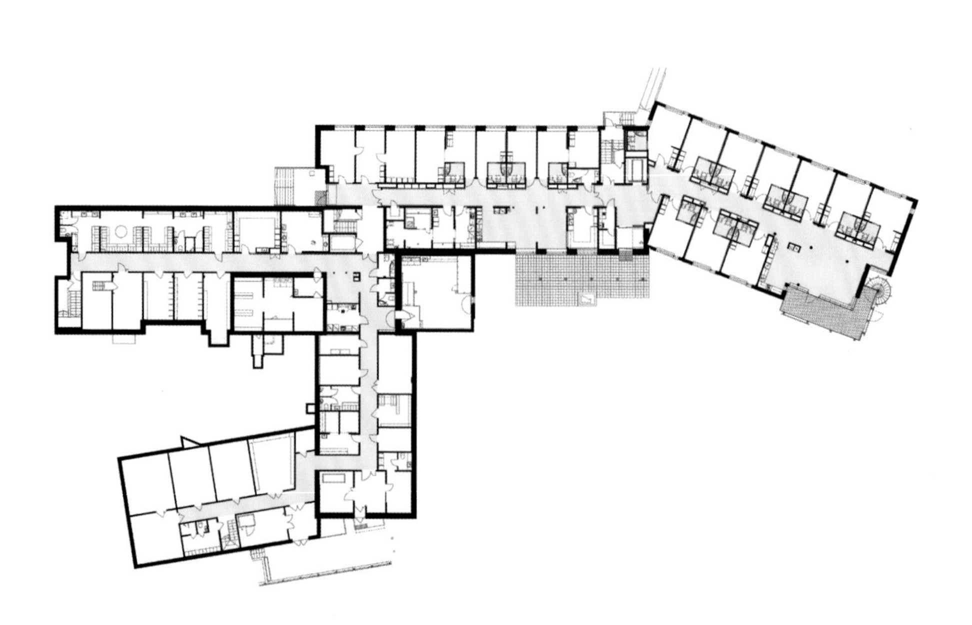

底层平面图

通过间接的灯光和多变的灯饰配件，工作人员可以根据不同的情况营造出不同的灯光氛围。安丁科蒂养老院通过谨慎地使用强烈颜色，配合建筑内可运用的木材表面，可以营造出更舒适、更惬意和更温馨的氛围。舒适美好的生活和工作环境会让人心情变好，适于在这里安度晚年。

设计师希望新建部分充满现代化气息，本打算尽可能地使用砖块和木头作为搭建材料。然而，从安全的角度考虑，老年人聚集的多层建筑，其内部和外部使用的木质材料都有严格的消防规范，所以设计师不得不放弃使用木质材料，根据现场情况，选择了其他符合消防规范的材料，并不影响整体效果。

老年痴呆症居住设施

- 景观和建筑设计：Philippon - Kalt 建筑师事务所
- 地点：法国巴黎
- 面积：4300 平方米
- 摄影师：Hervé Abbadie, Grégoire Kalt, Luc Boegly

该项目的建成基于其花园的超凡设计感，项目的建筑设计受到植物颜色和线条的启发。作为设施的第二“皮肤”，鱼网格界定了建筑物的界限，并为整栋建筑逐渐渗透绿色空间。混凝土结构的随机形状配合它们的影子，为建筑带来了不断变化着的透视外观。为了满足防火消防的需求，这副第二“皮肤”在每个楼层内组合出楼间过道。第二“皮肤”由白色纤维混凝土制成，与石头的色调和谐搭配，并与此街区中心内周围建筑物的矿石纹理协调一致。这种设计在防止烈日暴晒的同时，为卧室眺望花园创造了非常广阔的远景视野。在庭院内，建筑外立面的设计偏向保守，同时设置了两层嵌入式的楼层。

一楼的布局设计差不多是一个面对花园开放的门厅，这一庞大的共享空间充当了外部（庭园、大门）与项目主体之间的接待室。在每个楼层，设计师都安排了 6 个套间坐落在一处明亮的共享空间的四周，这个舒适的中心地带整合了客厅和餐厅的功能。大约十几间房间被布置在这一区域周围。

纵向剖面图

人们透过一楼的巨大飘窗台，能饱览花园的美景并沐浴透过玻璃窗渗透进来的阳光，窗台前有一条椭圆形的回廊，里面种满了散发芳香气味的多年生植物。这些植物对老年痴呆症患者的嗅觉器官和视觉记忆的恢复有积极作用。

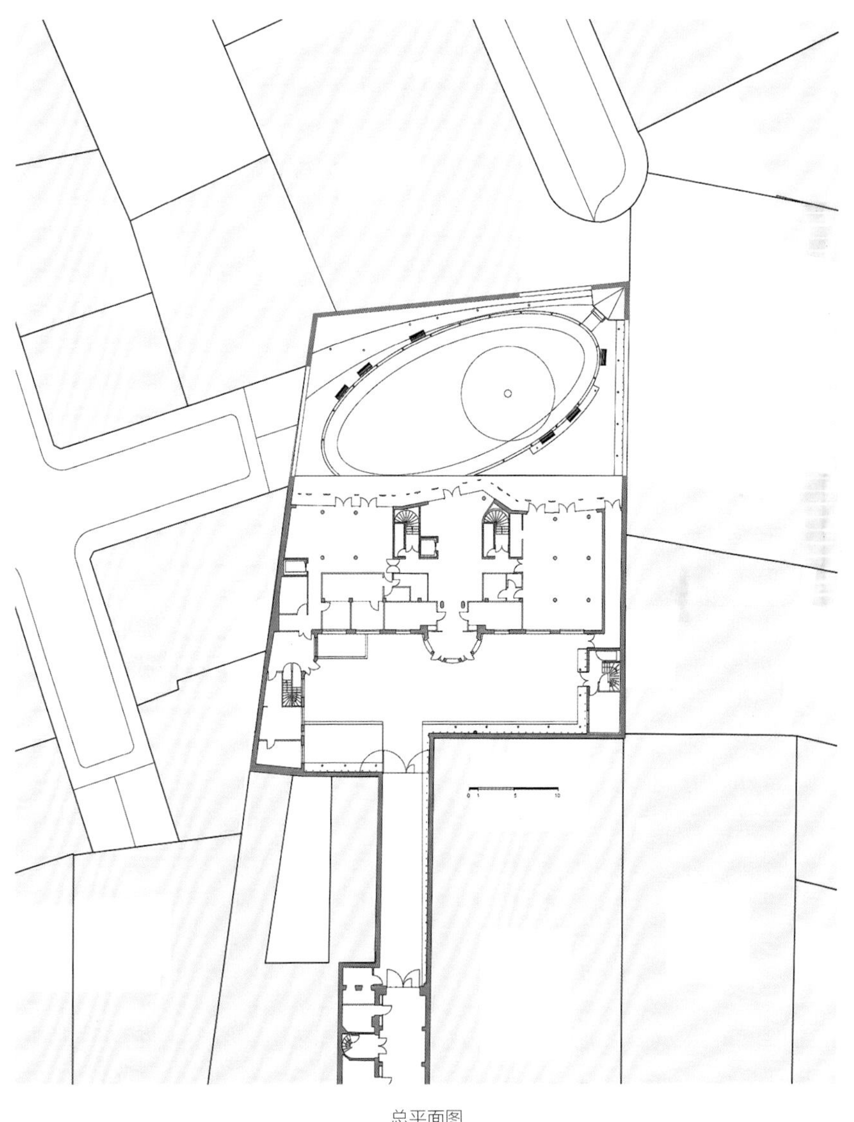

总平面图

希罗纳老人住房

- 景观和建筑设计：Arcadi Pla Arquitectes
- 地点：西班牙加泰罗尼亚
- 面积：13120 平方米
- 摄影师：Fillippo Poli

这栋可以容纳 115 户居民的建筑位于 Girona 的北入口，Puigd'en Roca 区域旁边的位置。老年社区包含了多种多样的公寓类型，以低廉的价格出租给 65 岁以上的老人居住。此项目的开展，是为了利用社会化的集体空间，同时在可持续性和节能领域寻求科技性的解决方案。

住房建筑设有一处室外入口空间，人们可以从这里进入建筑内部、餐吧及一座 5000 平方米的花园。在一楼庭院周围设有服务区及共享空间：客厅、办公室、健身房、会议室、电教室、训练室、美发屋、社会护理室、医疗及护理服务。

房屋的主体形状是两座不同高度的建筑，呈"T"形排列，通过一条连通轴相连，在大面积区域与有盖廊道内形成流通动线。建筑的通路部分设计宽敞，目的是为了增进居民之间的人际关系。此外，房屋还设有不同的户外露台供居民进入公寓，同时这些露台还兼顾采光作用，让空气流通。

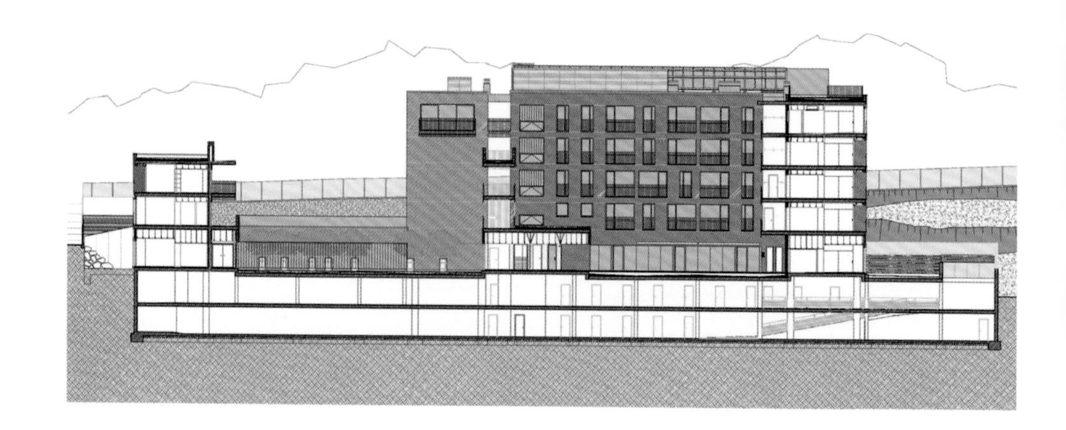

剖面图 1

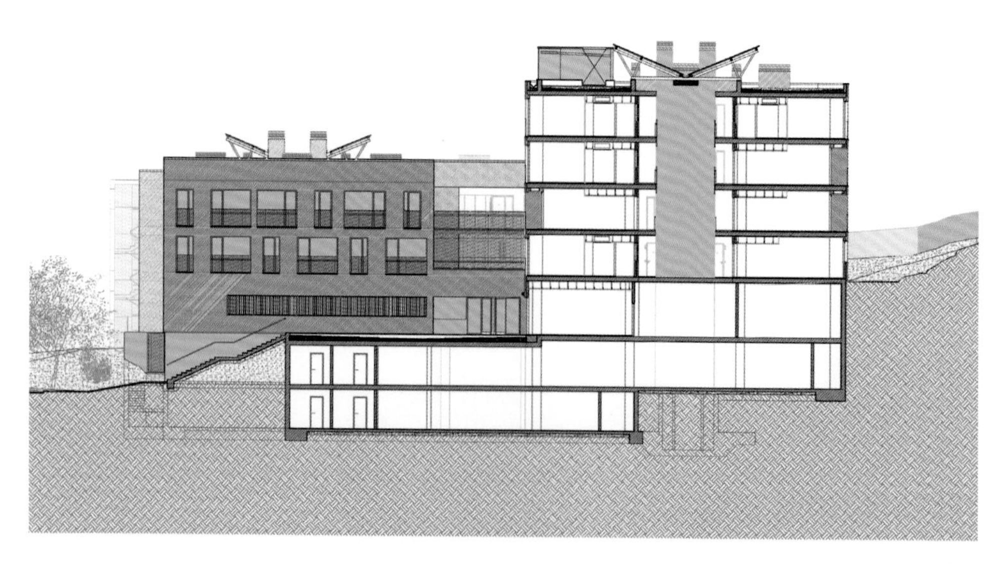

剖面图 2

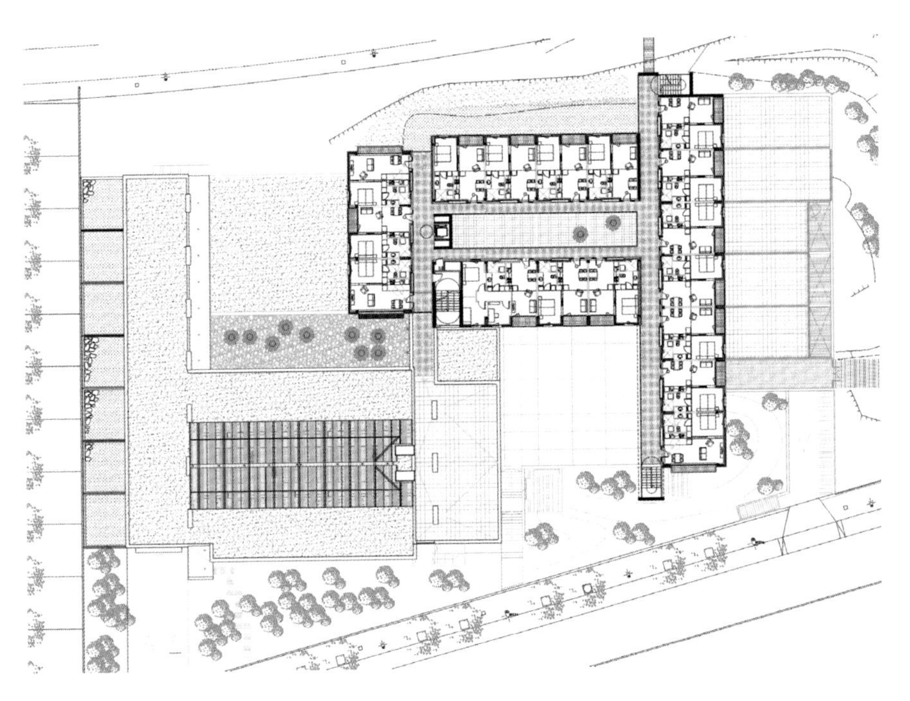

一层平面图

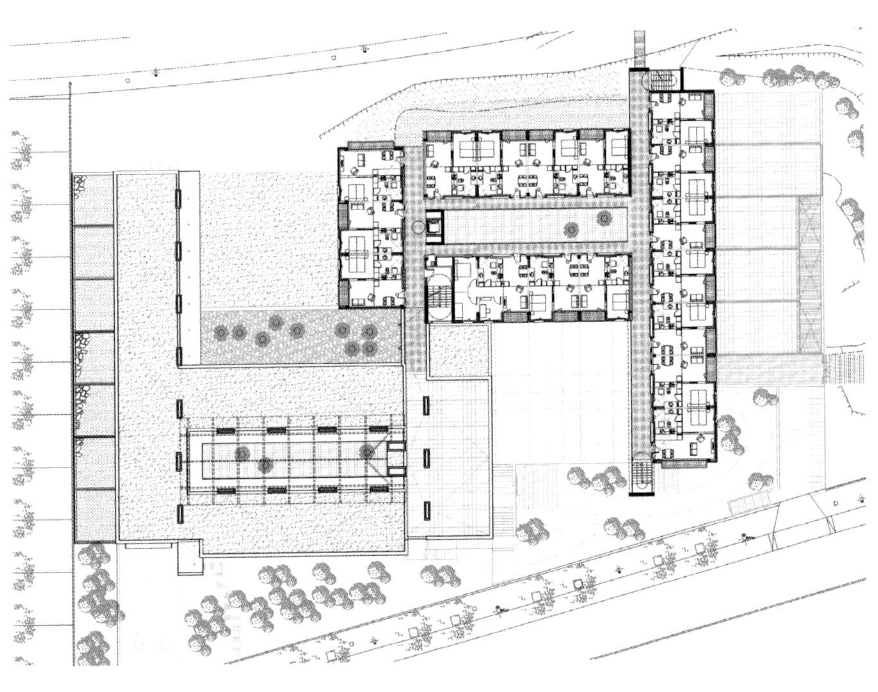

二层平面图

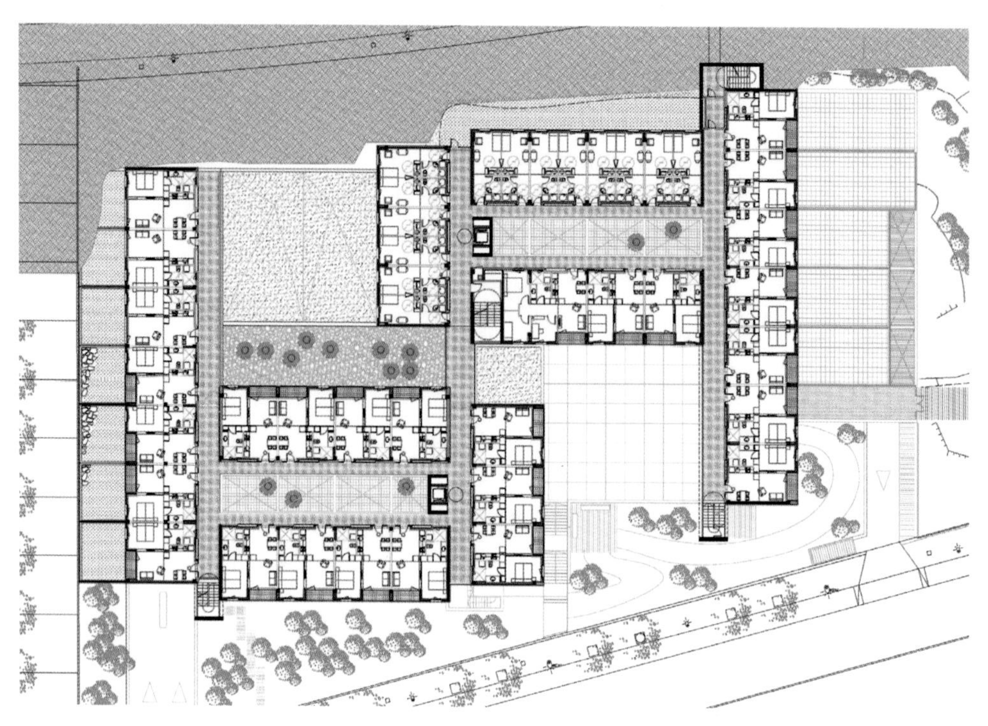

三层平面图

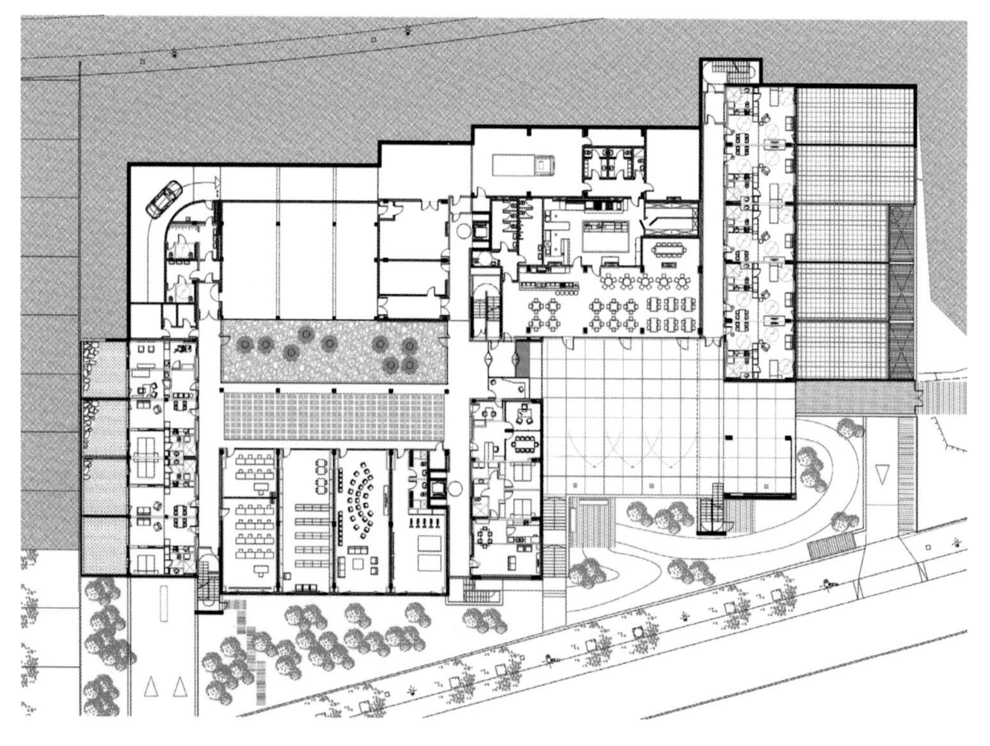

四层平面图

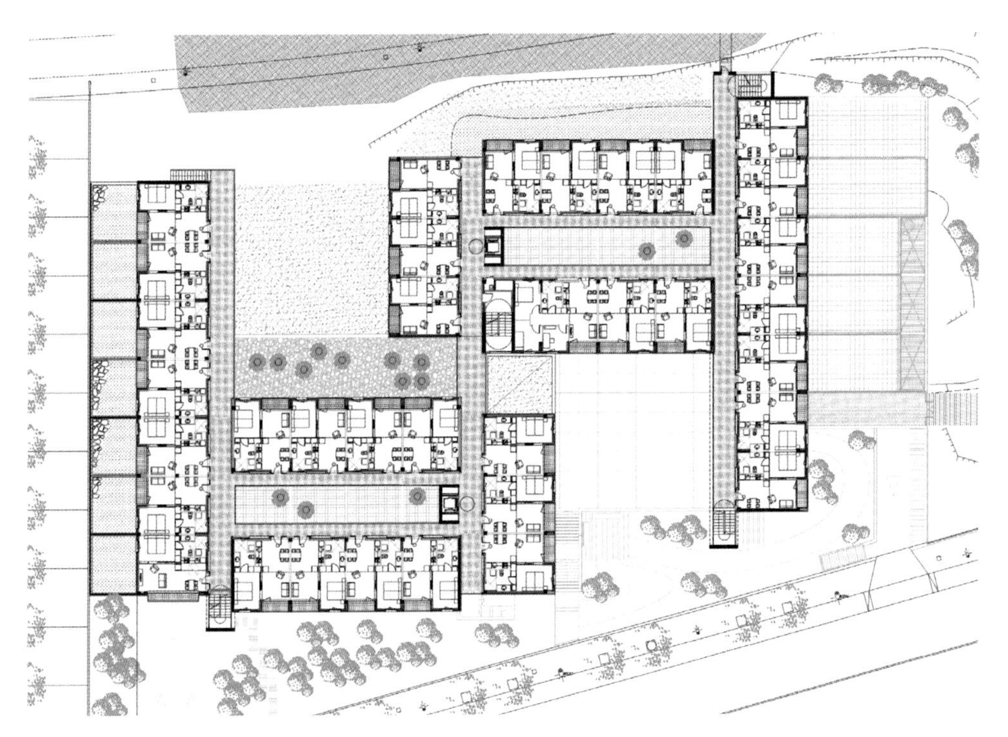

五层平面图

约纳河畔养老院

- 景观和建筑设计： Dominique Coulon & Associés
- 地点：法国约讷省
- 面积：5350 平方米

养老院坐落在约讷河畔的坡地景观上，深色的建筑群包含了 96 个房间。养老院的正门设在一处类似于乡村广场的院子里，正对着约讷山谷。深色的建筑物被凿开，镶嵌其中的几何形状被折叠成这些显眼的白色中空空间。在养老院内可以观赏到任何方向的景色，包括在露台上可以一览约讷河的风光。普通居住空间的布置利用从南边照射而来的阳光，人们透过宽敞的开口可以远眺外面的花园。

两处种植天井为建筑物提供了深度。所有步行路线都有自然光，让老人们可以舒适而方便地散步闲逛。走道的宽度随着方向的变化而变化以适应粉红暖色调区域的休息区，区域内设有符合人体工学设计的座位，方便居民在此交流和谈话。

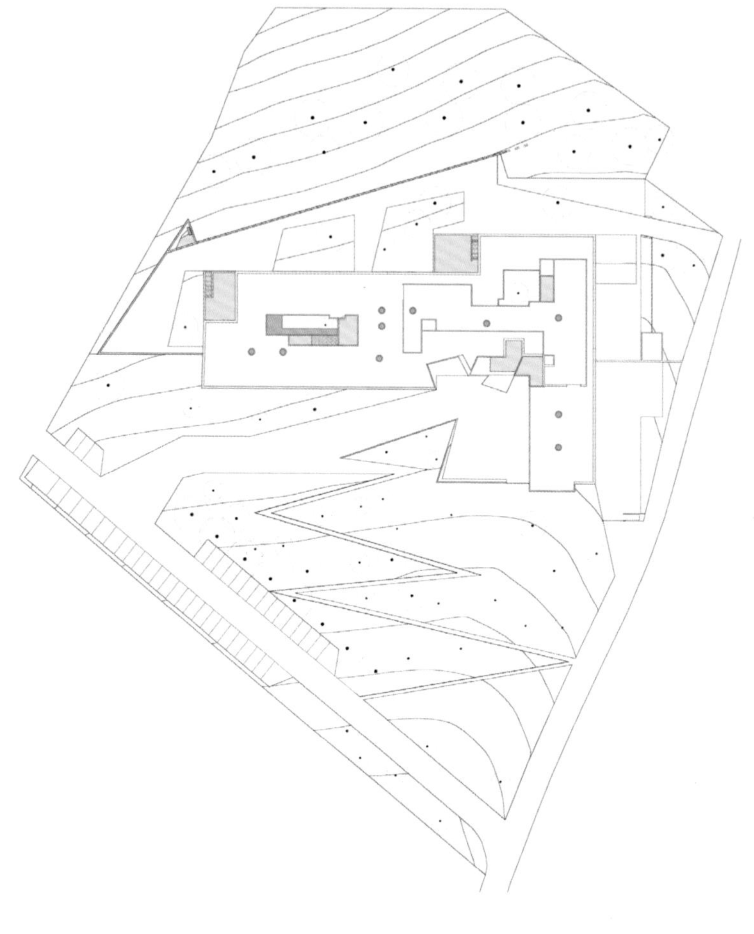

总平面图

剖面图

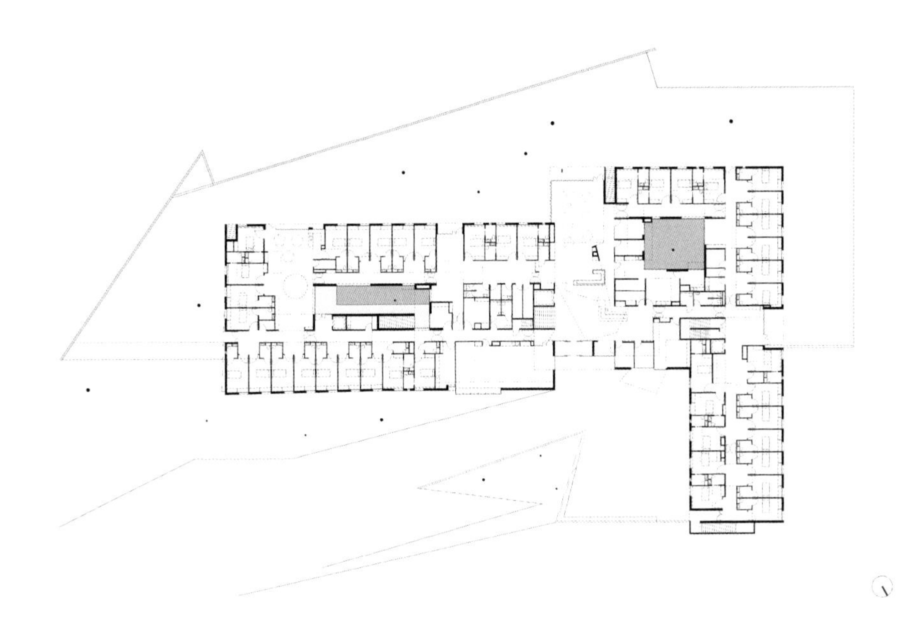

一层平面图

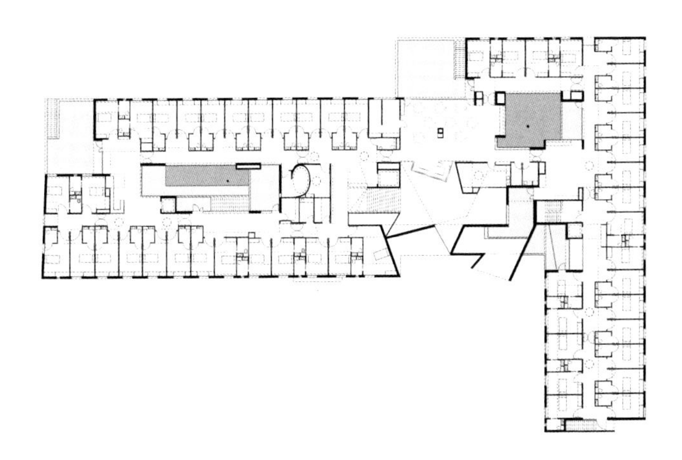

二层平面图

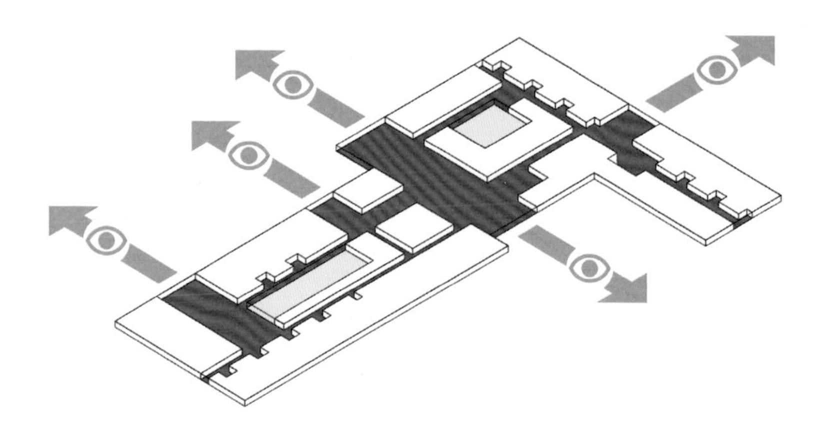

出入口示意图

养老院内的每一个房间面积为 20 平方米，全部经由设计师的精心设计。飘窗台和室内陈设组合在一起，增强了外立面的厚度感。房间内部经过精心布置的颜色和日照方向，增强了多元化。

设计师特意将公共区域设计得透明而充满流动感。餐厅位于中心阳台的位置，面朝大堂，大角度地向南开放。荫蔽的露台则提供私密的居住休闲空间。

米尔库养老院

- 景观和建筑设计：Dominique Coulon & Associés 建筑师事务所
- 地点：法国米尔库
- 面积：2300 平方米
- 摄影师：Eugeni Pons

米尔库养老院位于 Mattaincourt 小镇上，社会机构及工作人员希望养老院能够结合当地的地理文脉和自然景观等元素进行设计。建筑与周围区域的地势相融合，保持了景观的整体性。

建筑的屋顶倾斜着向着远处的草地延伸，使建筑与自然景观形成了自然而灵动的衔接。从马路上观赏整座建筑不难发现，养老院的布局有一个凹陷的花园大阳台延伸到景观露台的方向。

养老院分为两个层次。与花园位于同一层的是办公楼、员工休息区和公共接待区域。再往上一层则分布着40个房间、公共起居室和诊疗室。在这里，老人们同样可以欣赏到美丽的自然风景。另外，这一位置能够获取充足的太阳光，老人们不需要下楼，只要在这一区域的楼道就能够享受到自然带来的清新之美。这一层的活动区域足够容纳许多老人在此活动，每一位老人都能享受到自然光。一座座色彩丰富的露台指引着老人在建筑里面走动的方向和目的地。

总平面图

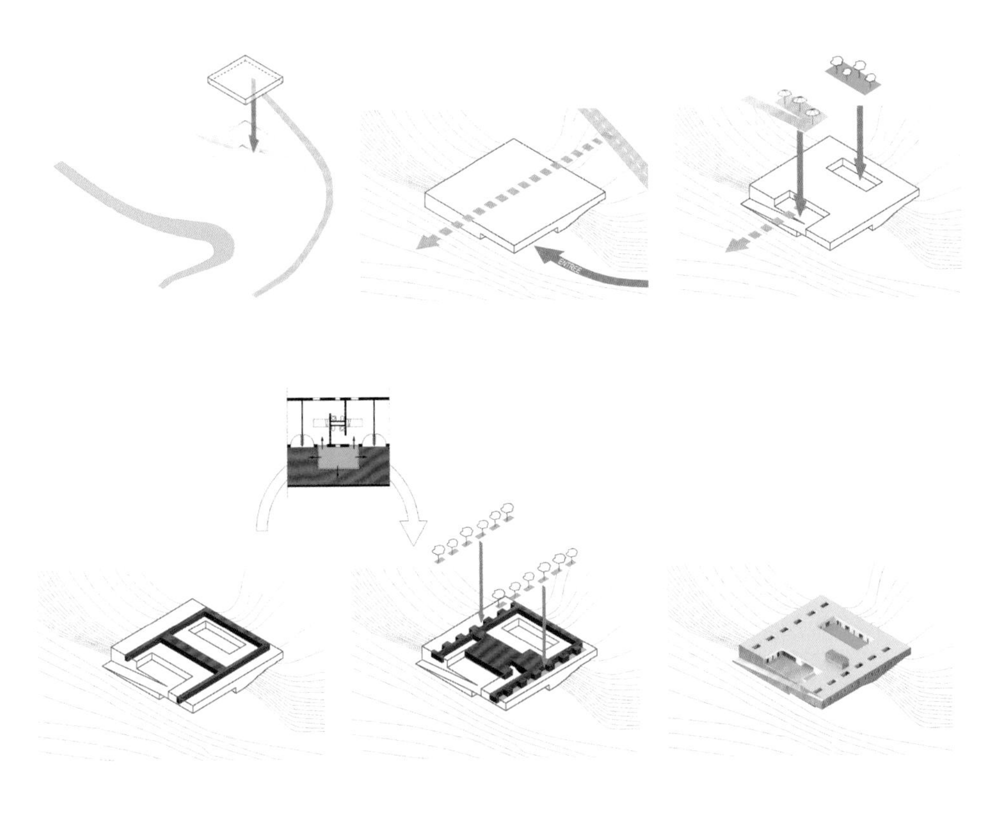

设计过程示意图

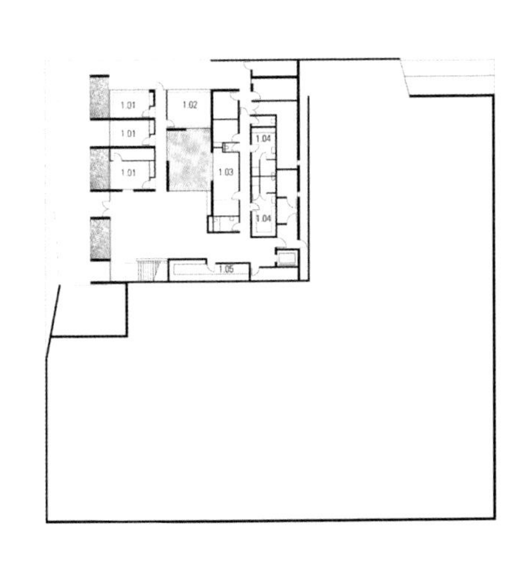

一层平面图

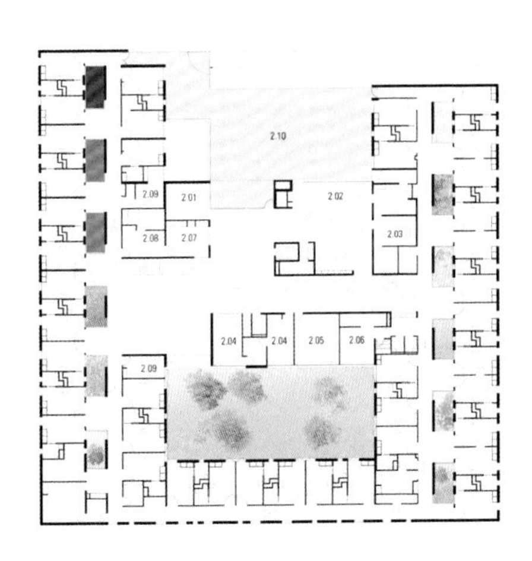

二层平面图

所有的房间都以一种简单且合理的方式进行布局，并且都以内部花园为核心进行分布。所有房间都是两端开放的，自然光透过露台照进房间里，同时为房间带来习习凉风。房间仅通过房门与走廊相连接，其余部分的都被大自然包围着。每个房间都是非常个人的空间——这是居住者之家。

饭厅、诊疗室、活动室和浴疗区都围绕大厅中央的活动空间呈扇形展开。这里是建筑的中心——整个空间都可以通往外面的全景露台，在那里，人们可以欣赏风景或是走下斜坡直接进入花园。

自然在这里无处不在，过滤着空气，为建筑营造着安宁的氛围。

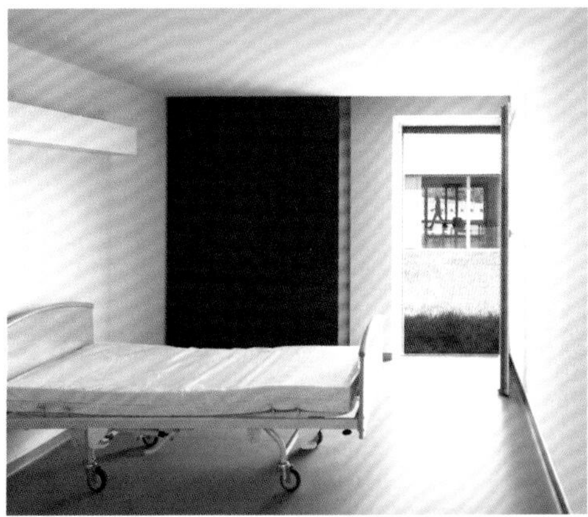

恰当的服务配套设施

波蒂拉老年人与残疾人之家

- 景观和建筑设计：L&M Sievänen Architects Ltd.
- 地点：芬兰赫尔辛基
- 面积：9000 平方米（原址修整）+2400 平方米（新建）
- 摄影师：Jussi Tiainen, L&M Sievänen

波蒂拉位于芬兰赫尔辛基东部。旧楼归盖乌斯基金会所有，建于 20 世纪 60 年代，属于当时非常典型的建筑模式。这里有许多供老年人居住的小房间，沿着走廊分散着厕所和洗浴间。白白的砖墙上镶嵌着黑色细长的窗框，凸显建筑外表鲜明的特征。

旧楼经过改造，主要用来安置有记忆障碍和由于老年精神病导致行为失常的人，同时还需要增添新的建筑接纳身体有残疾的人。这里建于 2002 年，是赫尔辛基第一个为残疾人提供团体收容的地方。在这个项目中，残疾人居住区的尺寸和面积设计预先经过了实际测试。

改造旧建筑的主要目的是提升这里的设施功能，满足现在的生活要求，例如为每一位住在这里的老年人提供专属的卫浴设施。整个设计的目标也是帮助老年人独立完成日常活动。内部设计的主要原则是利用层与层之间颜色的变化和吸声材料，为生活在这里的老人们营造出多彩舒适的氛围和新颖的生活空间。

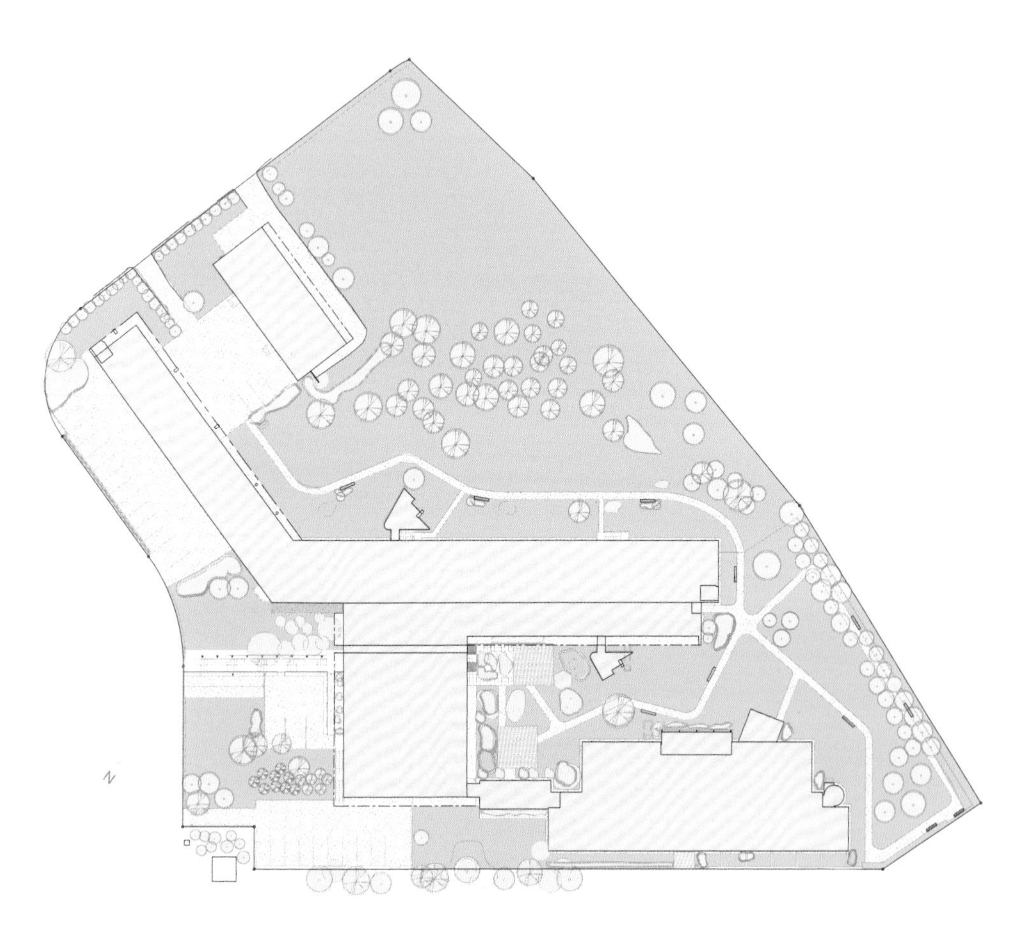

总平面图

旧楼里有一条长 126 米的走廊。为了打破让人觉得没有尽头的感觉，设计师在走廊上设计了一些小休息区。这里的房间都非常小，面积从 13 平方米至 17 平方米不等，由于承重墙不能破坏，所以旧楼的改造非常有难度。设计师把原来的 3 个房间改造成 2 个，中间的房间被划分成 2 个浴室和衣柜，还有一种方法是把 2 个房间合并成 1 个。

新楼的空间比较宽敞，每个房间 24 平方米，并且有一个可以手动调节高度的小厨房。公用的厨房、餐厅、客厅、桑拿房和洗衣房也一应俱全。

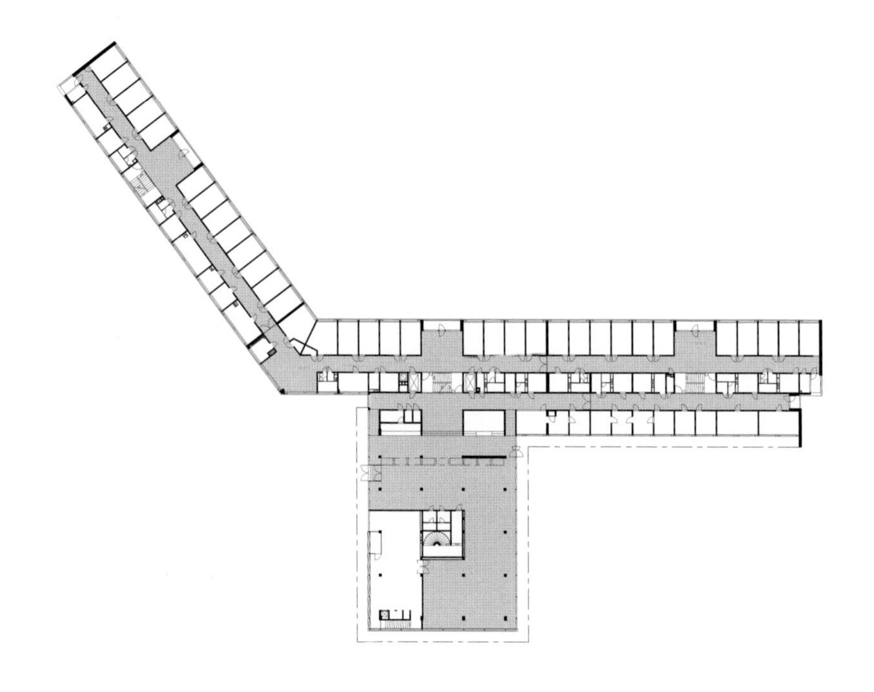

一层（改造前）

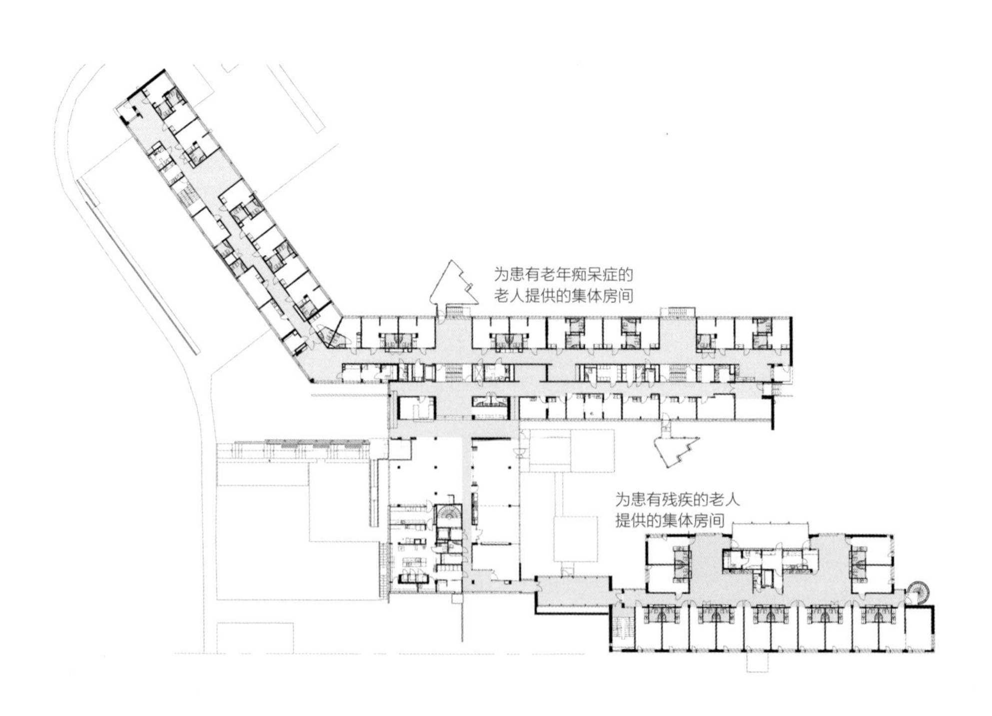

一层（改造后）

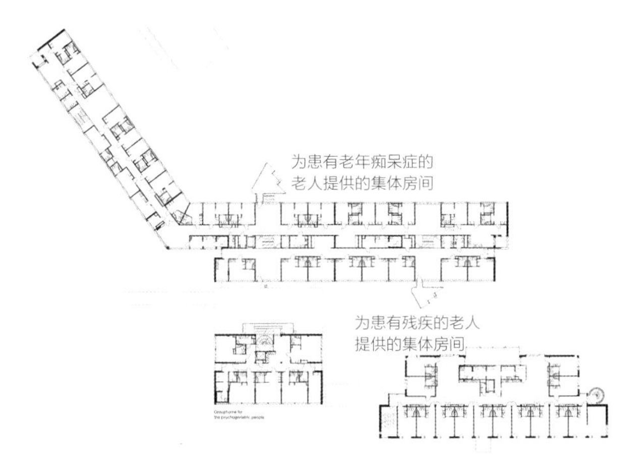

二层（改造后）

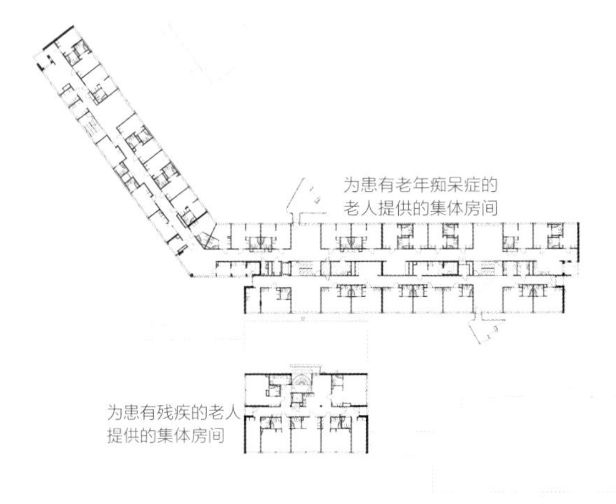

三层（改造后）

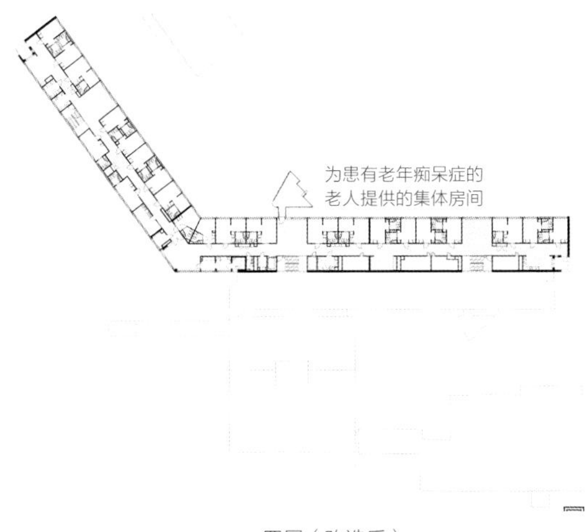

四层（改造后）

新楼与旧楼通过玻璃走廊相连，楼与楼之间的空地开辟出一个大的内部庭院，庭院里种着各种植物。新的阳台安装的是玻璃墙，住在每层的人可以足不出户就可欣赏花园的美景。

位于旧楼旁边的新楼，设计上充分吸收了旧楼的功能主义理念。内部结构遵循早期建筑的功能主义主题，例如采用包豪斯建筑取代浓烈的基础颜色。新楼的方向和位置也综合考虑了本区域的城市发展计划。

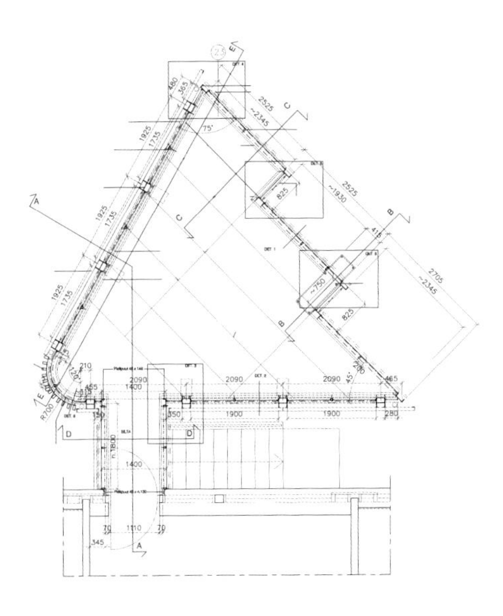

1 号阳台平面图

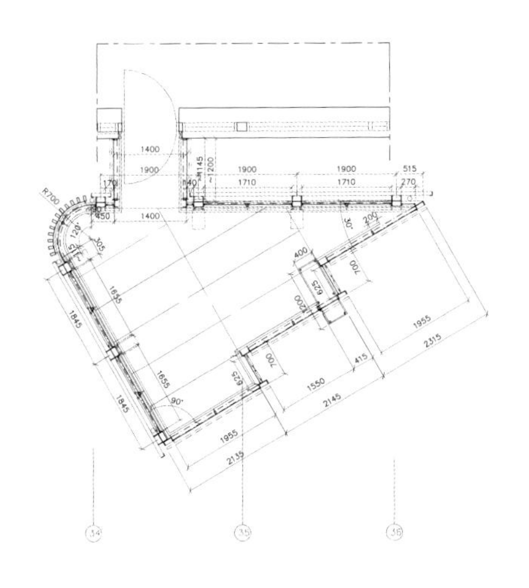

2 号阳台平面图

这个项目最引人注目的是打造带洗浴的卫生间的设想，便于生活在这里的老人可以自己应对个人问题，同时工作人员（1~2 名）可以在他们需要的时候给予帮助。这个设想改善了这里的卫生条件，尽量使老人远离病菌。

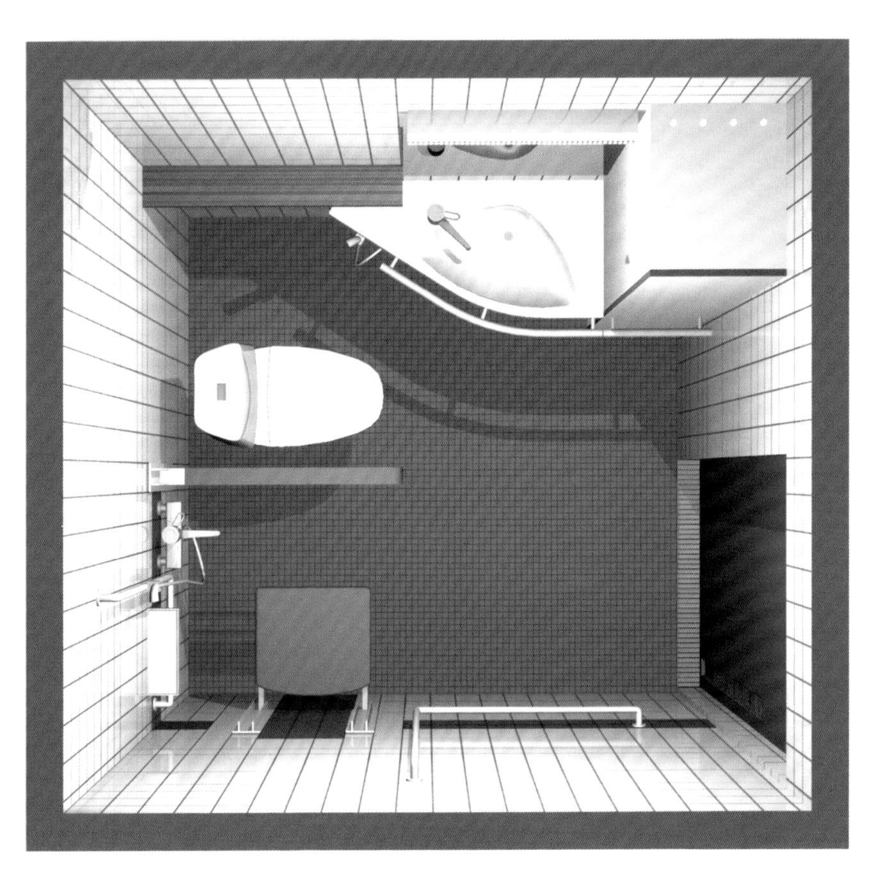

老人之家浴室

Walumba 老年中心

- 景观和建筑设计： iredalepedersen hook architects
- 地点：澳大利亚西澳大利亚州
- 摄影师：Peter Bennetts

老年中心的选址靠近学校及市中心，方便老人们继续担任教育工作者和文化领导者的角色。由于该区域处于洪水区内，老年中心的地基建造要高于 2011 年的洪水线——大约比地面高 3 米，就像一座桥或者防浪堤一样。建筑通过石沥青车道、人行道和楼梯与地面连接。

老年中心兼具了好几项功能：是那些具有一系列生活援助需求的居民和职工的家；为居民提供一个商用厨房及“流动供膳车”服务；提供洗衣服务；提供共同就餐区和活动区；作为整个社区的中央集会庆典区；提供不同性别的私密活动区，让文化活动得以开展；设有宽阔的院子供居民活动。

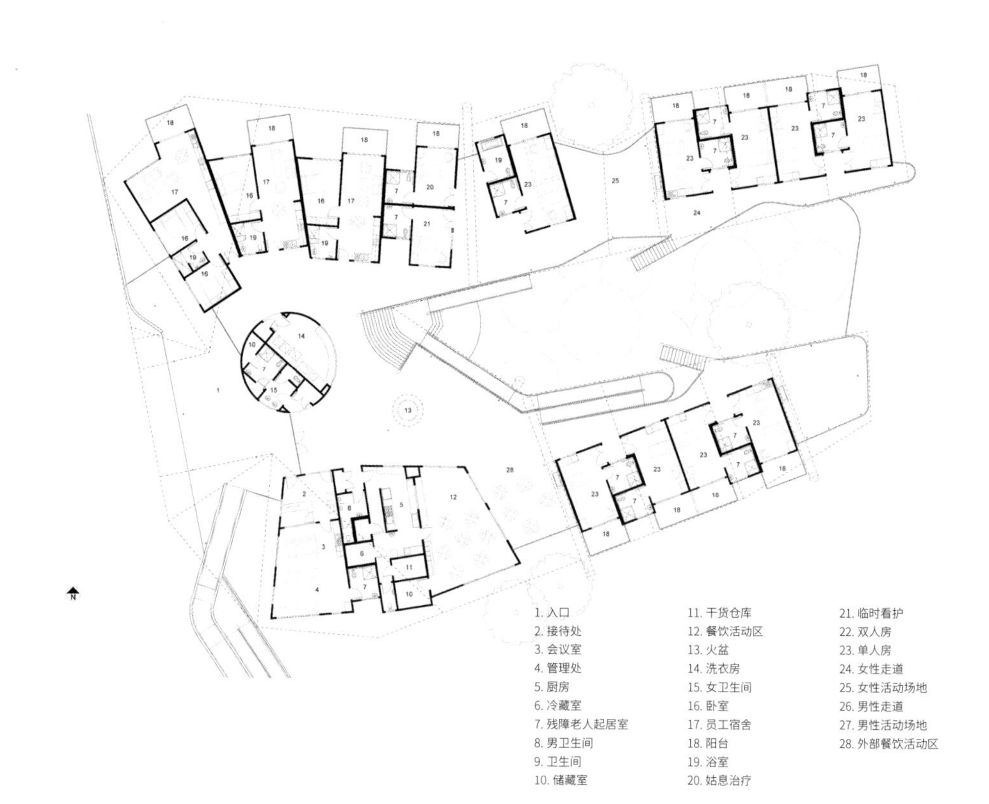
1. 入口
2. 接待处
3. 会议室
4. 管理处
5. 厨房
6. 冷藏室
7. 残障老人起居室
8. 男卫生间
9. 卫生间
10. 储藏室
11. 干货仓库
12. 餐饮活动区
13. 火盆
14. 洗衣房
15. 女卫生间
16. 卧室
17. 员工宿舍
18. 阳台
19. 浴室
20. 姑息治疗
21. 临时看护
22. 双人房
23. 单人房
24. 女性走道
25. 女性活动场地
26. 男性走道
27. 男性活动场地
28. 外部餐饮活动区

平面图

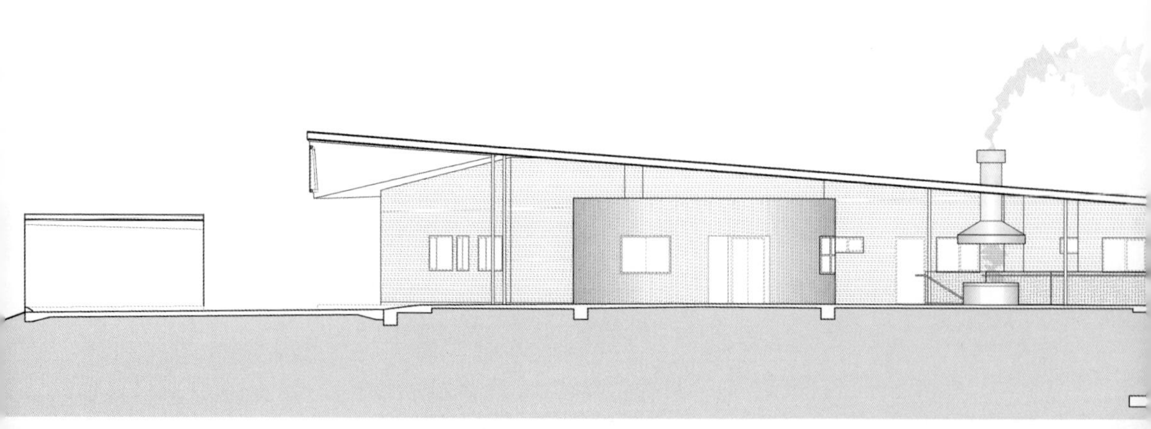

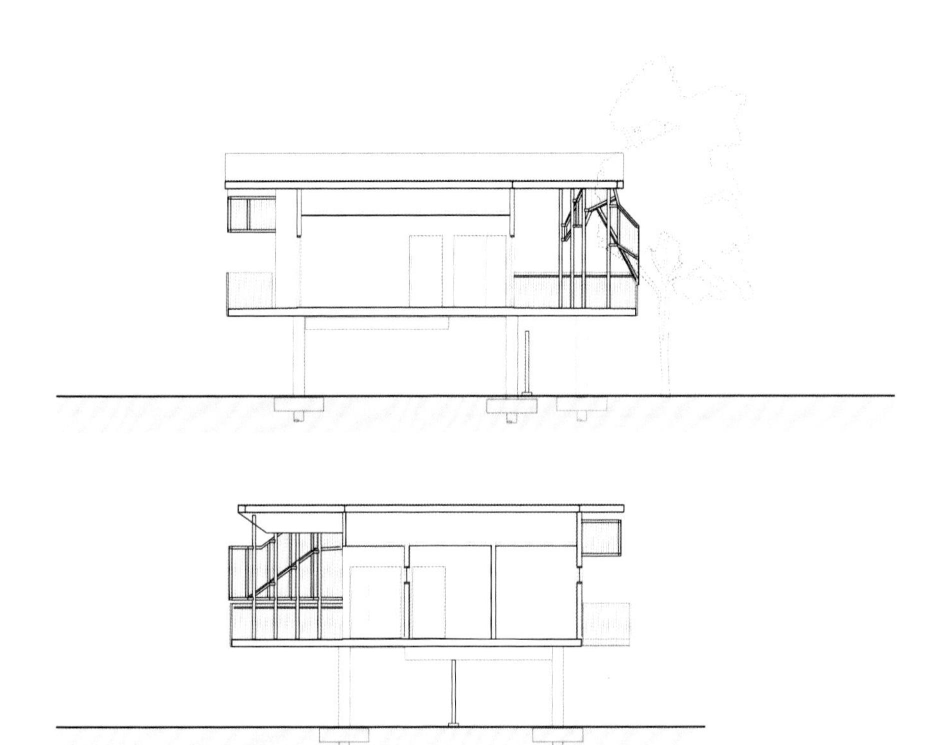

南北向剖面图

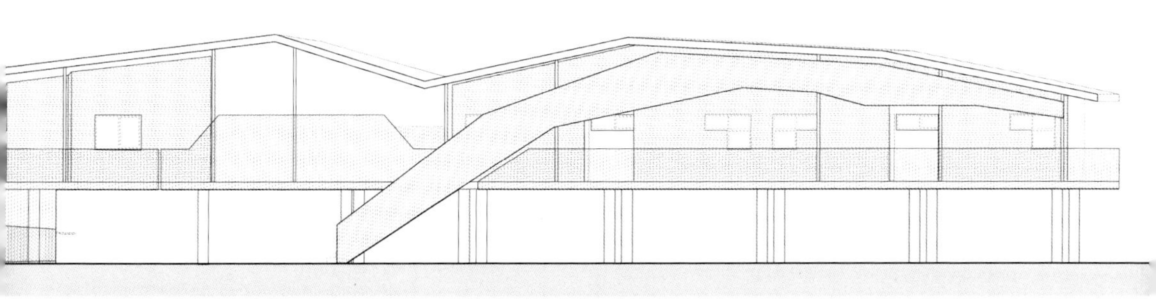

东西向剖面图

在公用区设有一个火盆供居民烧烤从灌木丛里获得的野果，并设有艺术水槽及可开展一系列活动的空间。这个区域旁边是洗衣区域，洗衣区域是一个非常特别的鼓状区域。

建筑的形式响应了 Warmun 那引人注目的景观——建筑的两翼作为男性和女性的空间，同时入口处的“滩头堡”以及共同活动区从建筑延伸到地面。楼梯和坡道连接着地面和建筑的主结构。

建筑的屋顶划定出宽阔的外廊空间，弯曲折叠形成顶棚用于遮风挡雨。由于地理位置的关系，该地区非常炎热，因此社区内的夜间活动就显得尤为重要了。老年中心因此会在夜晚亮起 LED 灯，为居民们提供安全的活动环境，并为夜间活动进行 CPTED（通过环境设计预防犯罪）布置。

上海亲和源老年公寓

- 景观和建筑设计：亲和源股份公司
- 地点：中国上海
- 面积：10 万平方米

上海亲和源老年公寓是由亲和源股份公司所创建的会员制老年社区，是一个既不脱离社会，又独立、开放的老年社区，是老年人享受自由、尊严、快乐、健康的理想家园。

上海亲和源老年公寓是亲和源会员制养老社区旗舰项目，位于上海市浦东新区康桥镇秀沿路，是一级优质生态社区，3A 级国家旅游景点。本项目是占地面积达 10 万平方米的无障碍、花园式、生态型老年社区。共建有 12 栋 838 套高标准精装修公寓房，其他 3 栋为项目配套：会所、餐厅、医院 / 护理院、度假酒店，

设施一应俱全。公寓每栋楼底层设有各种活动空间，快乐管理部专门组织会员成立各种兴趣小组，丰富会员们的退休生活，让他们老有得乐，老有所为，尽享养老生活的乐趣。生活、健康、快乐三大板块的秘书式服务，24 小时为社区会员对接各项服务需求，让会员无忧，让家人放心。

该项目已于 2008 年 5 月正式营业，发展至今拥有会员 2000 余位。通过专业化的服务平台为会员提供服务，满足会员生活、医疗、文化娱乐等多方面的需求。

近年来亲和源不断壮大，已在海南、辽宁、浙江、山东等多地通过控股或参股的形式实现初步扩张，摸索养老连锁经营模式。

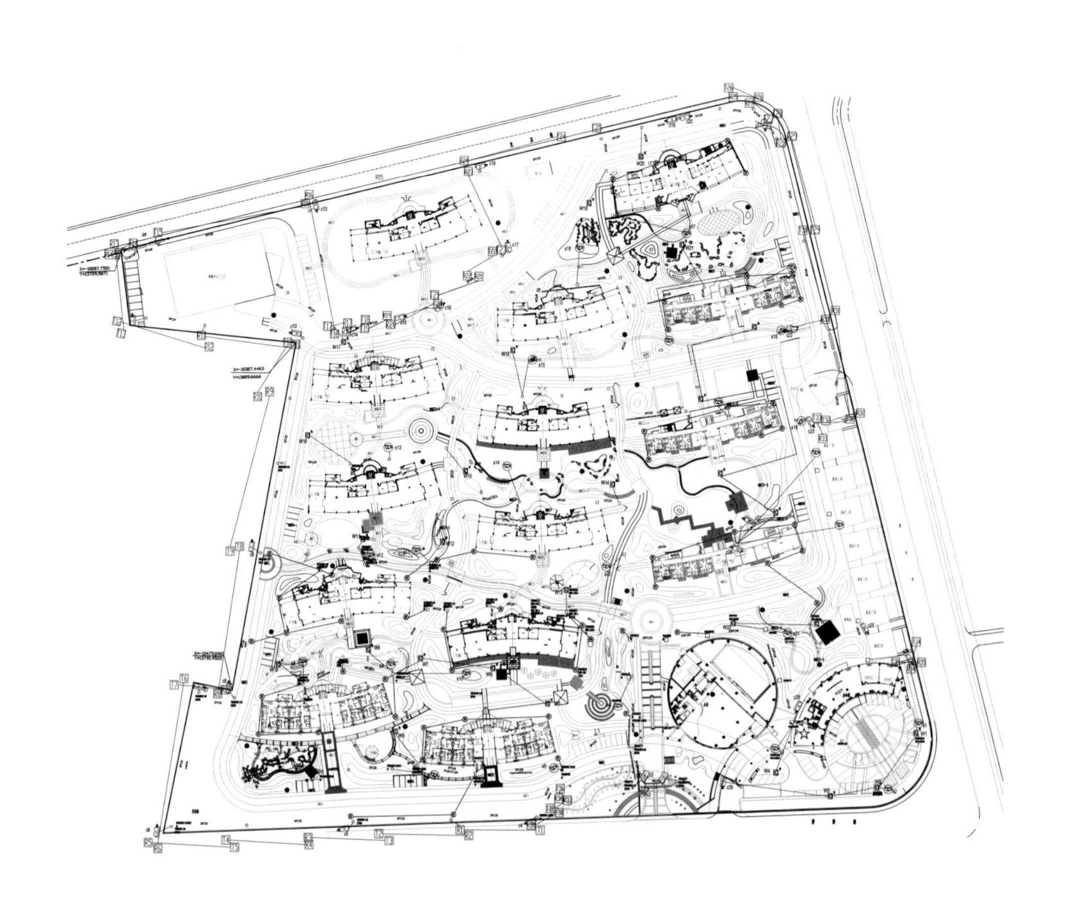

室外总平面图

护理站
Nursing Station

Eltheto
老年人住房及保健综合体

- 景观和建筑设计：2by4-architects
- 地点：荷兰 Rijssen
- 面积：20000 平方米（含公共空间）
- 摄影师：2by4-architects

在 Rijssen 小城中，2by4-architects 事务所为老年人设计了一座全新的医疗保健与住房综合体，取名为 Eltheto。在现代，老年人依然被认为所需要的仅仅是照料。当代的医疗保健中心和老年人住房依然遵循这一理念进行设计。在过去 10 年间，这种设计理念造成了一系列内向的建筑，其主要焦点集中在医疗保健，而不是生活品质本身。

在 Eltheto 中，设计师将上述的理念颠倒，并将住房项目和医疗保健项目分离。这种开放的社会性住宅大厦所注重的是生活品质，以及让里面的人依然能够在一定程度上生活在社会环境中不至于脱节。对于那些独立生活能力比较欠缺的居民，住房建设规划会相应地调整以适应他们的需求，但总体而言，还是集中于对生活品质的打造和提升。不同住宅大厦的建筑风格差异，反映出里面的居民是较能独立生活的老年人、更偏向于社会生活的老年人，或者是需要医疗保健照料的老年人。这种设计让建筑各有特色，但又融为一体，与公共空间配套，为老人提供一个完整的社会环境。

项目的设计亮点来源于一项有关生活习惯的研究，着眼于老年人不同的生活需求和特性。一部分的研究表明，如果老年人因为需要接受医疗保健而改变自己的生活习惯，那么他们的预期寿命将会缩短，他们变得不爱活动，更加需要家人照顾，最终与社会脱节。孤独已经成为老年人生活中的主要问题，尤其是那些伴侣已经离世的老年人。

Eltheto 的目标是通过为老年人提供符合他们现有需求的恰当的健康护理和住房服务，帮助老年人继续享受社会中的现代生活方式。随着需求的改变，老年人可以选择在家接受医疗保健，或者搬到 Eltheto 综合体的另外一栋建筑中接受更加专业的医疗保健服务。这样一来，老年人可以尽可能久地住在家里，而当他们最终需要搬家的时候，也可以留在同一个街区内。

效果图

剖面图

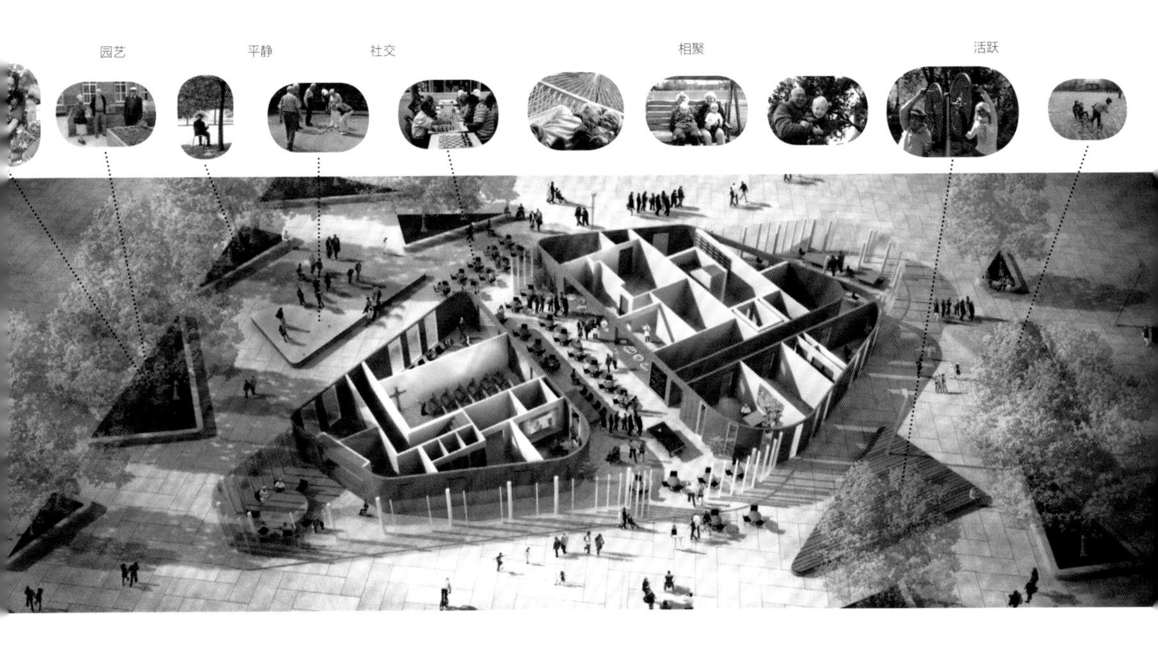

总平面图

Eltheto 综合体内的 4 栋住宅大厦为老年人提供了居住房屋，包括独居老人、老年夫妻、老年痴呆症患者、身体及心理残障的老人。这 4 栋大厦坐落在几处公共空间的周围，公共空间穿插其间，位于中央的是医疗保健中心和小区。公共空间的所有者是一家房产公司和卫生保健组织，负责人希望老年人们能够随心所欲地使用公共空间。负责人鼓励老年人们组织起来，在公共空间里进行各项活动，包括公共园艺、户外活动和集会、玩滚球游戏，或者仅仅是坐在一棵大树下，注视着自己身边所发生的一切。多不胜数的植物为公共空间带来了满满的绿意，所有植物都从颜色、遮阴面积、开花期和结果等方面进行精心挑选。所有这一切共同营造出自然治愈的环境。

公共医疗中心位于公共空间的中央，可以看作是整座综合体的中心，不仅为 Eltheto 内的居民，还为邻近街区的居民提供保健服务。除了医疗保健之外，中心还集成了许多其他的公共服务，包括一家餐厅、一座图书馆、一间日用杂货商店、一座静养中心、日间托儿所、美发店，以及众多活动区和办公空间。中心可以从公共空间直接到达，以此增强了室内和室外空间的联系，同时加强了这座现代医疗保健综合体的公众性。

De Roef

De Roef

De Roef

克里希 – 巴蒂尼奥勒生态小区

- 景观和建筑设计：Atelier Du Pont
- 地点：法国巴黎
- 面积：6117 平方米
- 摄影师：Takuji Shimmura

克里希 - 巴蒂尼奥勒生态小区的前身是一片废弃的铁路用地，小区的出现让这块被遗忘的巴黎土地重新焕发了生机。这一个市政项目主要缓解不断增加的住房需求，同时为 21 世纪可持续、多功能城市的发展铺路。设计师通过对庞大的数据进行编辑和分析，最终建成了这一智能化的多元程式大厦（包括养老院、公益住房、私人楼宇、宗教中心和零售商业）。

这些功能被有效地组合在一起，以其高品质和独特的象征意义为城市的发展做出贡献。通过为整座大厦制订共同策略，此项目有效缓解城市密度，符合新的环境建筑标准。

养老院位于大厦的正中央，让老人们居住在“城市”的中央，让大厦充满活力的生活气息包围着他们。建筑“尖刺状”的外立面指向不同方向，尽管有许多对角线，但依然保持了空间的亲切感。该项目作为完全不传统、不老式的老人之家综合体，不仅仅是一座建筑，室内装饰和软装配饰都符合老人的生活需求。

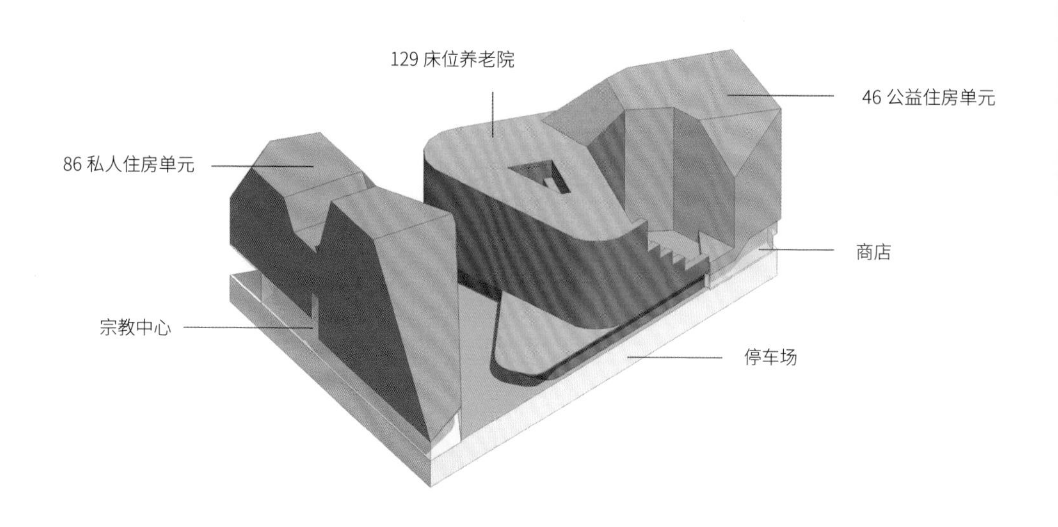

养老院平面图 1

养老院的房间无论是面向城市还是庭园，都设有户外空间，顶层设有层高舒适的卧室。在这里，每日生活都是从家庭餐厅开始的，家庭餐厅温馨的氛围有效缓解了紧张的城市生活节奏。

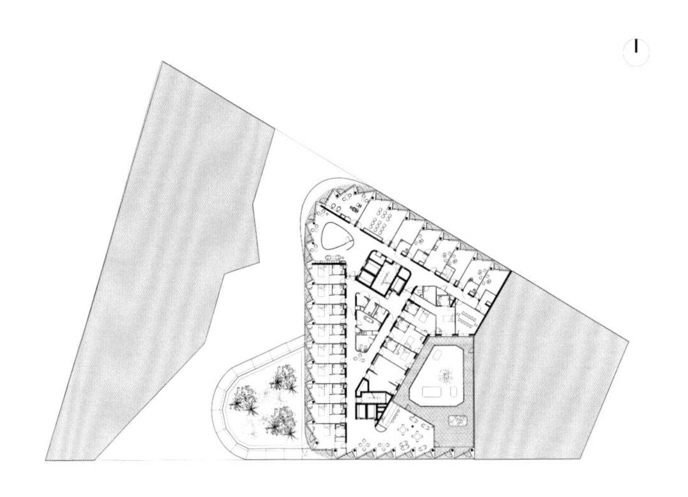

养老院平面图 2

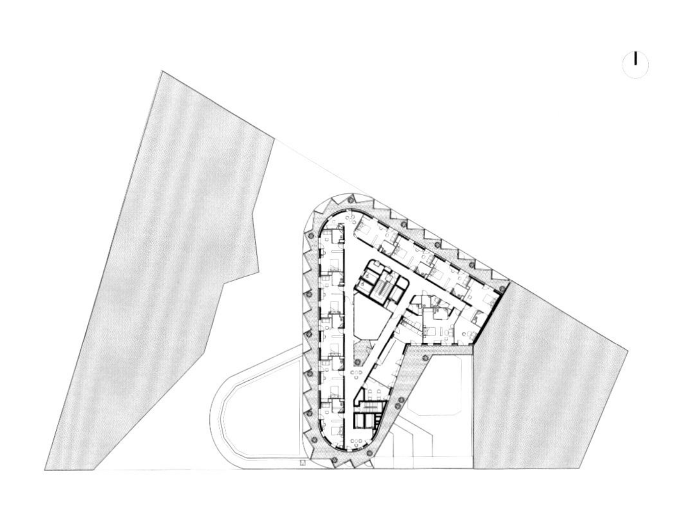

养老院平面图 3

香港隽悦

- 景观和建筑设计：吕元祥建筑师事务所
- 地点：中国香港北角
- 面积：7135 平方米
- 层数：35 层

香港隽悦遵循了“长者友善”的理念，为香港不断增加的老年人口带来了可持续的生活方式。“长者友善”是一种可持续的高品质生活首创精神，旨在为老年人营造休闲的氛围、持续性的专业医疗和熟练的照护服务、体贴的居家生活方式以及广泛的社交活动，以增进他们的幸福感，让他们的晚年在舒适的环境中度过。

老年人一直生活在独立的居住单元，受到全面的关怀和照料，享受着积极、正面、快乐且无忧无虑的生活方式，并有专门为高龄老人而设的特别区域，为他们提供持续而专业的护理服务以及更多的关怀。特别区域中包括了一间设有康复设施的日间护理中心，以及一家综合了中西健康护理服务的家庭护理机构。

此发展项目的其中一个挑战是为老年人居民打造一座实实在在便利的“建筑”。为了让同样的设计理念贯穿整个项目，建筑最大化了居民的流动性，并整合了一系列多种多样的生活设施和创新性的家庭护理支援系统。

隽悦是香港一个独特的开拓性项目，不仅仅是对老年人高品质和可持续设计的重新定义，还作为“长者友善”项目的基准。

ABGH
23

图书在版编目（CIP）数据

养老社区设计指南 / 凤凰空间·华南编辑部编. --
南京 ：江苏凤凰科学技术出版社，2019.5

ISBN 978-7-5713-0173-6

Ⅰ. ①养… Ⅱ. ①凤… Ⅲ. ①养老－社区－建筑设计
－指南 Ⅳ. ①TU984.12-62

中国版本图书馆CIP数据核字(2019)第040667号

养老社区设计指南

编　　者　凤凰空间·华南编辑部
项目策划　马婉兰
责任编辑　刘屹立　赵　研
特约编辑　马婉兰

出版发行　江苏凤凰科学技术出版社
出版社地址　南京市湖南路1号A楼，邮编：210009
出版社网址　http：//www.pspress.cn
总 经 销　天津凤凰空间文化传媒有限公司
总经销网址　http：//www.ifengspace.cn
印　　刷　北京博海升彩色印刷有限公司

开　　本　710 mm×1 000 mm　1 / 16
印　　张　12
版　　次　2019年5月第1版
印　　次　2019年5月第1次印刷

标准书号　ISBN 978-7-5713-0173-6
定　　价　88.00元